JN097823

危ない家電

「使い方」「管理」「掃除」…誤ると悲惨な事故に！

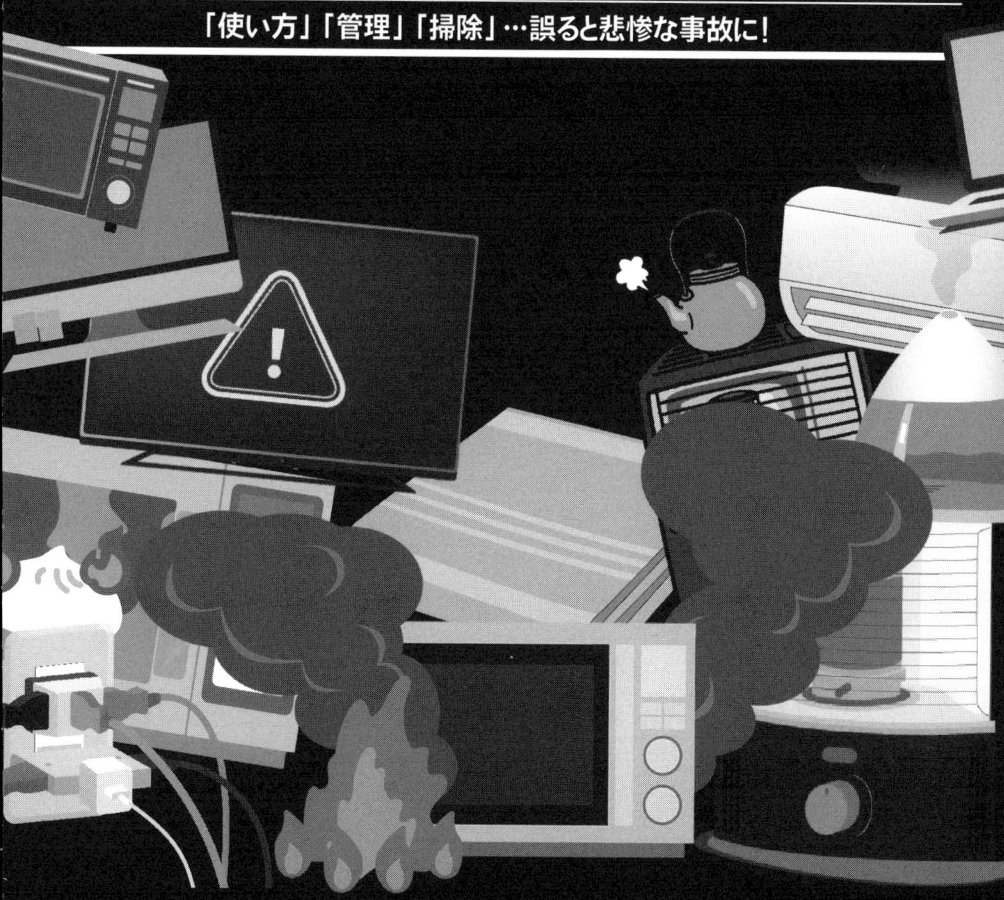

はじめに

日常的によく使う身近な「家電」(電化製品)であっても、「使い方を誤れば、火事になったり爆発したり、危険を生じる」という話を聞きました。

その話を詳しく知るために、電化製品についていろいろ調べてみたところ、数多くの注意喚起のWebページを見つけました。

このように、電化製品の注意喚起ページがあったとしても、ニュースなどで大きく取り上げられない限り、普通の日常生活では、なかなか見ることも知ることもなかったWebページだったかもしれません。

*

本書では、さまざまな危険性を孕む電化製品について、注意点や危険回避の方法などの情報をまとめています。

日常では便利な電化製品ですが、説明書を隅々まで読んだり、注意事項を気にしながら利用したりすることは、なかなかないでしょう。

そんな中で、正しい使い方、安全な使い方を意識することで、事故のリスクを、少しでも軽減させることができます。

*

本書によって、多くの方が電化製品の安全な使い方に目を向け、リスク回避の意識を高めていただければ、幸いです。

ぼうきち

危ない家電
「使い方」「管理」「掃除」…誤ると悲惨な事故に!

「電気製品」「電化製品」「家電製品」の表記の違いについて

本書では、ほぼ同じものを指しますが、使い分けとしては、技術の進歩から区別するものや、家庭で使うものなどで分けています。

[電気製品]電力を扱うすべての製品。
[電化製品]技術進歩で「電気式」に変わった製品。または「手作業」だったものが「電気式」に変わった製品。
《例》冷蔵庫、洗濯機、オーブンレンジ、電気カーペット、電気ポットなど。

[家電製品]電気(電力)を利用した、家庭用電気機械(器具など)。
《例》冷蔵庫、洗濯機、エアコン、レコーダ、テレビなど。

1 身近にある「家電」(電化製品)の事故

「家電には意外な危険性がある」と聞いて、インターネットを検索していたところ、「経済産業省」の「2020年製品事故動向について」というPDFファイルを見つけました。

＊

まずは、その資料を読んで、気づいたことを紹介します。

経産省の資料から分かること

ネットサーフィンで見つけた「経済産業省」の「2020年製品事故動向について」というPDFファイルは、Google検索の結果で表示されたものです。

URLは、「経済産業省」の「2020年の製品安全に関する動向」というページの資料と類似していました(**図1-1**)。

図1-1　製品安全(METI/経済産業省) 2020年の製品安全に関する動向
https://www.meti.go.jp/product_safety/policy/2020fyreport.html

このページを、インターネットアーカイブ[※1]を使って調べてみると、2021年6月14日に保存されたページに、「参考資料　2020年の製品事故動向について(データ集)」としてリンクされていたものであることが分かりました。

*

現在のページからは、**「資料2-1　2020年の製品事故の発生状況及び課題」**という資料を代わりに見ることができますが、**「2020年　製品事故動向について」**には、より多くの数値が掲載されています。

※1　Internet Archive: Digital Library of Free & Borrowable Books, Movies, Music & Wayback Machine
https://archive.org/

「重大製品事故報告」の受付状況

ところで、この検索結果に現われた、**「2020　製品事故動向について」**というPDF資料を読んでいると、興味深いところが、いくつかありました。

たとえば、「重大製品事故報告の受付状況」という表です(**表1-1**)。これは、「2020年の報告受付」を、カテゴリ別にしたものです。

表1-1　重大製品事故報告の受付状況

	死亡	(うち火災によるもの)	重傷	(うち火災によるもの)	火災	一酸化炭素中毒	後遺障害	計	割合
電気製品	11	8	25	1	599	1	0	636	62%
ガス機器	3	3	4	2	61	0	0	68	7%
石油機器	7	6	2	2	45	0	0	54	5%
その他	10	0	229	1	22	0	0	261	26%
合計	31	17	260	6	727	1	0	1019	100%
割合	3%		26%		71%	0%	0%	100%	

表1-1で目を引くのは、「死亡、重傷、火災」などを組み合わせたもので、最も大きな割合を占めていたのが、「電気製品(62%)」でした。

この受付状況の「重大」とは、被害の結果が「死亡、重症、火災、一酸化炭素中毒、後遺障害」のいずれかに及んだものです。

また、電気製品の中でも「火災」の件数が突出して大きく、「電気製品」の「火災事故」が多発していることが分かります。

一時的ではない「電気製品」の事故

「電気製品の事故」は、最近になって増えてきたのかと言えば、そうではありません。

表1-2「2011年から2020年までの受付件数」を見ると分かるように、「電気製品の事故」の割合は、2011年から2020年まで、常に50%以上を維持しています。

表1-2　2011年から2020年の受付件数

	2011年	2012年	2013年	2014年	2015年	2016年	2017年	2018年	2019年	2020年
電気製品	585	624	581	561	511	528	595	526	625	636
全体件数	1109	1134	987	907	891	815	873	812	1222	1019
電気製品の割合	53%	55%	59%	62%	57%	65%	68%	65%	51%	62%

また、同じ資料で、**「重大製品事故の事故要因」**という表があります(**表1-3**)。
これは、2007年から2020年まで受付内容を、「事故要因」で分類しています。

この表によると、電気製品の「経年劣化」を含む「製品起因」の事故が34%、「設置・修理不良」「誤使用・不注意」「偶発的事故等」が44%になっています。

表1-3 重大製品事故の事故要因

項目	件数	割合	カテゴリ件数	カテゴリ割合
製品起因	3811	28%		
経年劣化	747	6%		
(製品起因の小計)			4558	34%
設置修理不良	449	3%		
誤使用不注意	2407	18%		
偶発的事故等	3140	23%		
(製品起因以外の小計)			5996	45%
原因不明	2775	21%		
調査不能	100	1%		
(不明の小計)			2875	21%
計	13429	100%	13429	100%

この資料から得られること

この資料を見ると、いくつか気づくことがあります。

*

その一つは、**「危険性が大きい」**と思いがちな、**「ガス機器」や「石油機器」よりも、「電気製品」の重大事故の割合が大きい**、という意外性です。

これは、電気製品は多くの事故の危険性を孕んでいる、ということでもありますが、それだけ多くの電気製品が一般家庭で使われている、という表われでもあります。

二つ目に、**「製品自体に起因しない事故の多さ」**にも驚きます。
これは、**「使い方」**や**「設置方法」を誤ることが、事故につながる**ということです。

＊

この資料を見て不安になりつつも、同時に思うことは、「これらの事故は、各々ユーザーが少しでも注意していれば、防げることではないか」ということでした。

＊

そこで本書では、身近な「家電製品」のあらゆる「危険性」を紹介し、そのような危険性の「回避策」や「対処方法」を探っていきたいと思います。

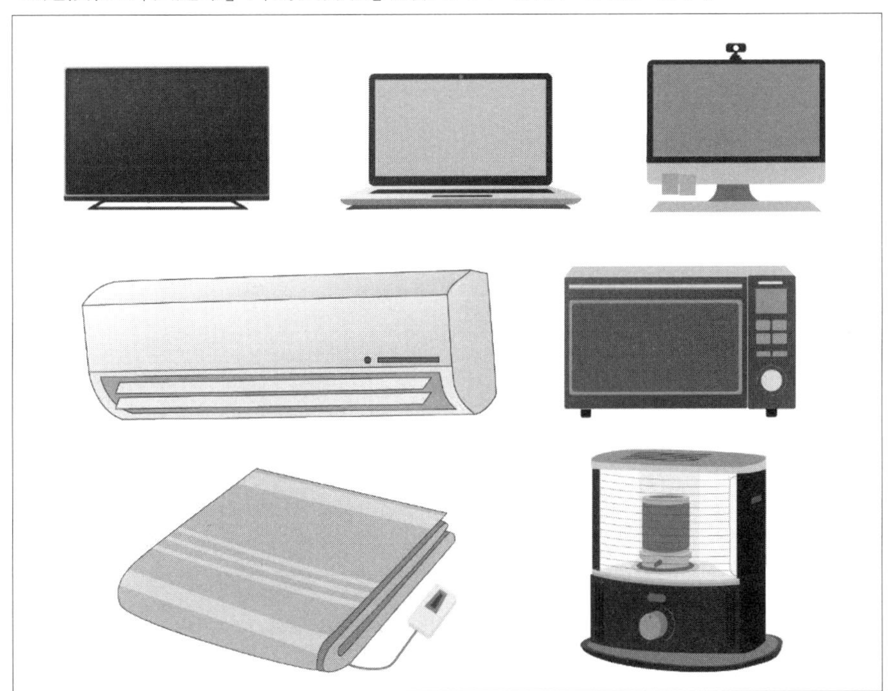

図1-2　さまざまな家電製品

2 電子レンジ

「電子レンジ」は直接火を扱わないので、安全と言える調理器具の代表です。短時間でお手軽に調理できるのも、魅力的です。

＊

しかし、使い方を間違えると、事故やケガ、火災につながることがあるようです。

増加傾向にある「電子レンジ火災」

「東京消防庁」が発表した資料、「電子レンジ火災が急増！令和3年の65件を上回る74件発生!! ※1」によると、「電子レンジ火災」が急増しているようです。

図2-1　増加している電子レンジの火災

「電子レンジ火災」というキーワードで、他にも同じことが発生していないかをネット検索すると、名古屋市の「電子レンジ火災に気を付けましょう」というページが見つかります。

東京消防庁の資料によると、「電子レンジ（オーブン機能付き含む）による火災」が、2017年（平成29年）から2021年（令和3年）までの5年間で、248件発生しているようです。

名古屋市のページの内容では、2017年から2019年までは1件ずつであったのが、2020年には4件に増えたということが、報告されています。

名古屋市のページでは、名古屋市消防局の消防士が「電子レンジ火災」を再現する動画へのリンクが貼られていました。

図2-2 「名古屋市消防局」は、危険性を伝える動画を公開

「名古屋市消防局」の動画内では、北海道の「電子レンジ火災による死亡事故」について触れられていました。

改めて検索してみると、北海道北広島市の「電子レンジ火災にご注意ください」というページ※2が見つかります。

そこには、2021年(令和3年)9月に北海道内にて電子レンジが原因の火災によって、2名の死者が出たと書かれていました。

＊

「電子レンジ火災」は、思ったよりも身近なのかもしれません。

*1：https://www.tfd.metro.tokyo.lg.jp/hp-kouhouka/pdf/041212.pdf
*2：https://www.city.kitahiroshima.hokkaido.jp/hotnews/detail/00143603.html

図2-3　コロナ禍の巣ごもりで、若年層も含め「電子レンジ」の利用が増加

「電子レンジ火災」の原因

では、「電子レンジ」で火災が発生するというのは、どのような原因があるのでしょうか。

*

北海道の事故では、「電子レンジ」の内部から「カップ麺の容器」が見つかっています。

状況から推測すると、「電子レンジ」でカップ麺を作ろうとしていたのかもしれません。

*

東京消防庁の資料によると、火災が発生する主な要因は、次の2つがおおよそ8割だとしています。

・「食品」などを、必要以上に、“長時間”加熱する
・「電子レンジ調理不可」のアルミ製(など)の包装ごと加熱する

年齢別では、20歳代前半がおよそ16%と最も多く占めているようです。
また、出火した食材としては、サツマイモなどの「いも類」が最も多いようです。

*

「いも類」については後述しますが、「水分の少ない食品」を温める場合には、注意が必要です。

火災発生時の対応方法

食品を温めていて、電子レンジの中(庫内)で火が出てしまったら、どのように対処すべきでしょうか。

*

「電子レンジ」で火災が発生した場合の、対処方法をまとめてみました。

[1]「扉を開けず」に電源を切り、コンセントから抜く
[2]絶対に「扉は開けない」
[3]「中の様子」を見る
[4]「火が大きくなりそうだ」と判断できる場合は、「火事を周囲に知らせる」
[5]「扉を閉めたまま」119番に通報。消火器が必要と判断した場合は、消火器を準備する

この手順で、何よりも重要なのが、**「扉を閉めたまま」**にすることです。
これは、庫内に空気が入り、“火が大きくなる”ことを防ぐためです。

「電源を切る」のは、これ以上の「加熱」をさせないという意味があります。

「電子レンジ」の「とりけし」ボタンで加熱をストップさせることができますが、通常の本体の操作で難しい場合は、直接コンセントから抜きましょう。

通常の手順としては、「とりけし」ボタンで加熱を止めてから、「電源ケーブル」を「コンセント」から引き抜きます。

＊

「コンセントから抜く」のは、火の影響で制御基板に不具合が生じた場合、誤動作する可能性があるためです。

「電源ケーブルをコンセントから抜く」のが難しい場合は、「ブレーカーを落とす」作業をします。

また、「コンセントからケーブルが抜けない」場合は、直接「ブレーカー」を落とします。

＊

扉を閉めたまま中身を確認して、火が消えるのを待ちます。
消えてもしばらくは高温であり、酸素が供給されると燃えはじめてしまう可能性があるので、扉は開けてはいけません。

＊

「火が収まらない」「火が大きくなりそう」な場合は、「火事」に相当するので、大声で周囲に知らせ、初期消火活動を行ないます。
また、119番通報します。

＊

初期消火時のポイントとして、「水による消火」は「電気火災」なのでNGです。
これは、感電の危険性があるためです。

また「漏電」や「ショート」により、二次的な被害が起こる可能性もあります。
初期消火を行なう場合は、「消火器」を使います。

火災の防ぎ方

いくつかの資料などを元に、「火災の防ぎ方」を考えてみます。

・食品の「包装の記載」に注意する
・「加熱時間」を長めに設定しない
・「自動あたためボタン」には注意する
・電子レンジの「オーブン機能」は注意する
・「中身の様子」を見ながら加熱する
・電子レンジの周りに「可燃物」を置かない
・庫内をキレイにしておく

まず、「包装に記載されていること」は重要です。
今の食品は、大きめの文字サイズで注意書きが書かれているので、その内容をよく読むようにしましょう。

「電子レンジ」が可能であっても、別途容器に移し替える必要があるものなどもあります。

*

「加熱時間を長めに設定しない」というのは、水分が蒸発して加熱されすぎてしまうためです。

「中華まんじゅうから出火した」ということからも分かるように、本来「電子レンジ」による温めが可能であっても、時間によっては食品が乾燥して高温になったり、油分に引火したり、可燃ガスを発生させたりすることで、火災につながることがあります。

*

“冷凍されているもの”は加減が難しく、必要以上に長時間に設定してしまうことがありますので、注意が必要です。

*

「電子レンジ」には、「自動あたためボタン」のような、センサを使った自動あたため機能があります。
これは「重さ」「庫内の温度の変化」「蒸気の量」「食品の表面温度」などをセンサで検知して、自動で調理時間を決定するものですが、センサの状態によっては、正しい調理時間が設定されないこともあります。

「庫内の汚れ」や「温める食品」の影響などを受けることもあるので、「自動あたため」機能を使うときは、注意深く使用します。

＊

「オーブン機能」を搭載した、「オーブンレンジ」も広く普及しています。

しかし、**「レンジ」**と**「オーブン」**は、加熱方法がまったく違います。オーブン機能を使うときは、「レンジ」の感覚で使わないように、充分注意しましょう。

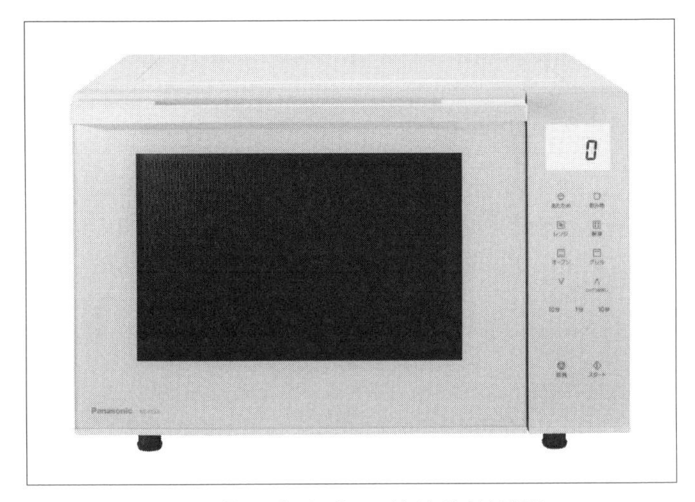

図2-4 「オーブン」と「レンジ」は加熱方法が違う

「電子レンジ」を使う場合は、「中身の様子」を見ながら加熱します。また、「電子レンジ」の周りに、火が移るような「可燃物」を置かないようにします。

また、庫内の汚れは“炭化”することがあり、「スパーク」や「火が移る原因」になるので、庫内をキレイにしておくことは、安全に使うための「大前提」になります。

食品を温める原理

「電子レンジ」が、食品を温める原理を確認してみます。

*

まず、「電子レンジ」は、「マグネトロン」という真空管の一種を使っています。

これは、周波数が「2.45GHz」の電波である、「マイクロ波」を発生させるための装置です。

この電波を、「電子レンジ」内の物体に照射すると、物体の「原子」や「分子」が振動し、発熱します。これを、「誘電加熱」と呼びます。

「誘電加熱」は、水分に対して発生する現象です。

*

ところで、「電子レンジ」の温める力の目安である「ワット数」は、「定格高周波出力」という数値であって、これは「消費電力」とは異なります。

「電子レンジ」の「消費電力」は、「定格高周波出力」に、エネルギーへの変換ロスと、モータや、その他の部品の消費電力を加えたもので、「定格高周波出力」の1.5倍から2倍のワット数になると言われています。

「電子レンジ」で使用を避けたい容器

「電子レンジ」で使えない容器には、次のようなものがあります

- 「金属」が付いた容器
- 「木製」や「竹製」、「紙製」の容器
- 「陶器※3」
- 「ポリスチレン(PSと表記されたもの)」の容器
- 「ガラス※4」の容器

※3：電波の反射はありませんが、陶器に吸水性があり、レンジで繰り返し加熱すると器の温度が急上昇して割れやすくなります。
※4：ガラスの中でも、「耐熱性ガラス」を使った「容器」や「ボウル」であれば使えます。

「金属」が付いた容器は、「電子レンジ」では使えません。

それは、「金属」と「電子レンジ」は相性が悪いためで、オーブンやトースターでよく使われている「アルミホイル」も、「電子レンジ」ではNGです。

*

「金属」がNGとされる理由は、「金属」は電波を反射する性質があることと、「金属」の表面にはたくさんの電子があり、この電子にマイクロ波が当たると、激しく動き回り、内部の壁やドアにぶつかって、「放電」が発生します。

なお、「金属」を温めてしまうと「独特な音」がしますが、それは「金属の周囲の空気」が"電離"されることで発生するようです。

*

「木製」や「竹製」は、それぞれ内部に水分を含んでいて、膨張し割れることがあります。

「紙製」は、「紙パックの飲料の容器」や「紙皿」などがあります。

「紙皿」は、水分が浸透しないように、表面に、「ポリエチレン」や「ポリプロピレン」などの"樹脂"を塗布して加工しています。

「電子レンジ」で紙皿に乗った食品を加熱すると、「樹脂」が溶けてしまい、これらの素材が溶けることで、容器そのものが変形してしまいます。

また、「紙パックの飲料」などは、この問題に加えて「膨張」による破裂や、「突沸」の危険性もあるので、危ないと考えられます。

*

「陶器」は、内部に水分が含まれている場合もあり、それが加熱されて膨張しヒビが入って割れることがあります。

長時間温めなければ問題はないかもしれませんが、「陶器」がダメージを受けることがあるので、大切な陶器の食器などは、「電子レンジ」で使わないようにしましょう。

「ポリスチレン」は、耐熱温度が70度から90度と水の沸騰温度よりも低いため、そもそもお湯を入れることもできず、溶けてしまうので使えません。

「耐熱性のないガラス」は、急激な温度変化に耐えられず破裂してしまうことあるようです。

「カットガラス」のように加工がされているものや、「強化ガラス」なども、「電子レンジ」には不向きだとされています。

「電子レンジ」で使える「プラスチック容器」

「電子レンジ」で使用できる食品用のプラスチック容器は、「140度以上」の耐熱性の表記、もしくは「電子レンジ使用可能」という表記があるものであれば、使えます。

*

「電子レンジ」使用可能な「140度」である理由は、「JIS規格」で定められているからですが、理由としては「ある程度の油分」を含めた食品に対応するためだと考えられます。

*

水そのものの「沸点」は「100度」であり、それが温度上昇の上限になりますが、油を含めたものの場合、それ以上の温度になることがあります。

なお、油分が多すぎる場合は、「140度以上」の温度になり溶けてしまうことがあるので、注意が必要です。

表2-1　プラスチック容器の略号と耐熱温度

種　類	略号	耐熱温度	備　考
ポリエチレン	PE	70 ～ 90℃	電子レンジ使用不可
ポリスチレン	PS	60～80℃	電子レンジ使用不可
ポリプロピレン	PP	100～ 140℃	
ポリメチルペンテン	PMP	230～240℃	
シリコン	SI	200℃～230℃	食品型などで使用
ポリ塩化ビニリデン	PVDC	140℃	ラップの場合
ポリ塩化ビニル	PVC	130℃	ラップの場合

「電子レンジ」の使用に注意が必要な食品

「電子レンジ」で温めるのに、注意が必要な食品があります。

■外側に「殻(カラ)や膜」がある食品

「たまご」や「ギンナン」、「栗」「トマト」などです。

これらは、内側に「水分」が多く、それに対して、外側には「殻や膜」がついている形状になっています。

温めることで、「内側の水分」が膨張し、「殻や膜」が破裂する可能性があります。

■水分の少ない食品

「サツマイモ」や「ジャガイモ」、「ニンニク」などです。

これらは、「水分の含有量」が少ないため、加熱時間によっては乾燥状態になって、焦げる場合があります。

また、可燃ガスを発生させ、引火することもあります。

図2-5　電子レンジを使った「焼きいも」のレシピは多いが、充分注意が必要

■油分が多い食品

これは「高温になりやすい食品」で、たとえば、「中華まんじゅう」です。

油分が多く、温度が上昇しやすいものと言えます。さらに皮などの部分が乾燥してしまうと出火の危険性があり、なおさら危険になります。

図2-6 「肉まん」などは油分が多いので注意

■飲み物や液状の食品

飲み物は「水」そのものだけでなく、「コーヒー」や「豆乳」などもあります。また、「カレー」や「お味噌汁」などがそれに相当します。

*

これは、「突沸現象」というものが生じるためです。

「突沸(とっぷつ)現象」とは「過熱状態」の液体に刺激を加えると、爆発するように沸騰する現象です。

温めすぎてしまった場合に生じる現象で、温めすぎてしまった場合は、そのまま取り出さずに、冷めるまで待ちましょう。

これらは、加熱時間の調整などによって大丈夫なことも多いので、「取扱説明書」をよく読んでみましょう。

3 エアコン

「記録的な暑さ」がニュースになる昨今、「エアコン」が必要不可欠になっています。

＊

その一方で、「家電製品の重大事故」で大きな割合を占めているのも、また「エアコン」なのです。

「エアコン」と事故

経産省の資料、**「2020年の製品事故動向について」**の中で、**「製品別の重大製品事故の推移」**という表があります。

その表から、2020年の「電気製品」の部分を取り出して、グラフにしてみました(**図3-1**)。

意外に思う方もいるかもしれませんが、いちばん大きな割合を占めているのが、「エアコン」(16%)です。

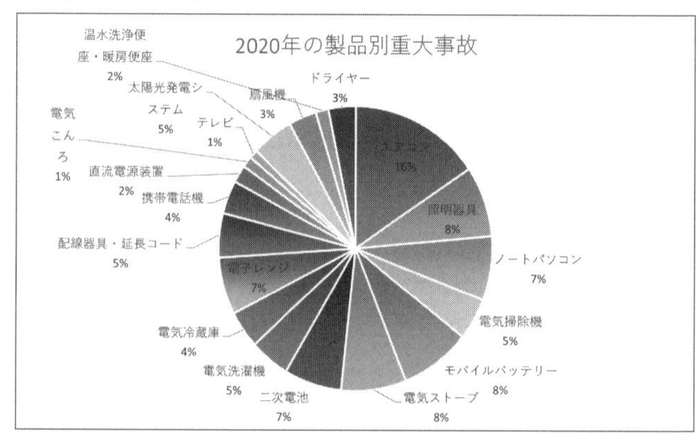

図3-1　2020年の製品別重大事故を集計した円グラフ

また、「NITE」(ナイト、独立行政法人製品評価技術基盤機構)によると、2020年が特別ということではなく、「エアコンの事故」は2015年度から2019年度の5年間に合計263件発生し、うち火災が244件、死亡事故が6件発生しているようです。

「エアコン」に関する注意喚起は毎年行なわれていますが、ここ数年のコロナ禍も影響して在宅する人も多く、「エアコン」の使用頻度が格段に増えていることから、「エアコンの事故」を誘発しているのでしょう。

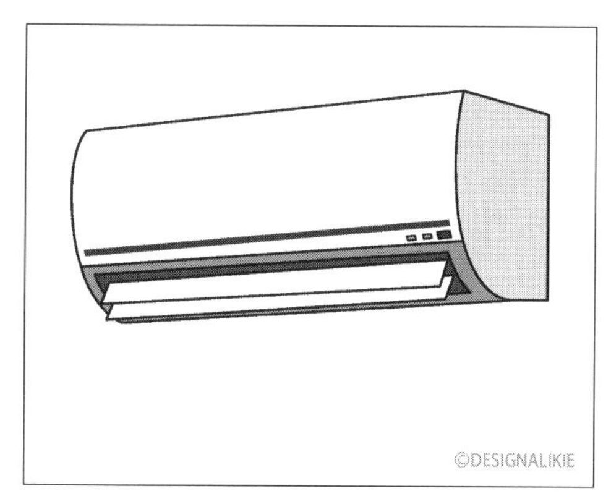

図3-2　コロナ禍は「エアコン」の使用率も上がった

「エアコン」の事故の多さ

「エアコン」の事故の多さは、専門的な知識が必要となる「複雑さ」が原因になっていそうです。

*

「エアコン」は、「室内機」と「室外機」がセットになっているシステムです。

「エアコン」を使うには、両方の機械を据付する工事が必要で、家庭用の電気製品としては、比較的大きな仕組みになっています。

また、エアコンの据付には、さまざまな工具を使わなければ正しく取り付けられず、注意が必要な工程もたくさんあるので、「専門業者」以外には、「難しい作業」になります。

＊

現時点では、ユーザー自らが据付工事を行なうことは法律で禁止されてされてはいませんが、仕組みの難しさや安全性を考慮すると、専門業者に任せたほうがいいでしょう。

「エアコン」の仕組みと動作

「エアコンの事故」の多さを考えるには、「仕組み」を知る必要があります。

ここでは、「エアコン」が「冷房」の動作になっている状態の例で、「エアコンの仕組み」を解説します。

＊

「エアコン」が冷房で機能しているときは、次のような流れになります。

・部屋の熱を冷媒に乗せて「パイプ」で室外機に送る
・室外機にある「圧縮機」で圧力を掛けて高温にする
・室外機の「熱交換器」で暖かい風を放出する
・室外機の「減圧機」で冷媒を低温状態にしてパイプ経由で室内機に送る
・室内機の「熱交換器」で冷たい風を吹き出す

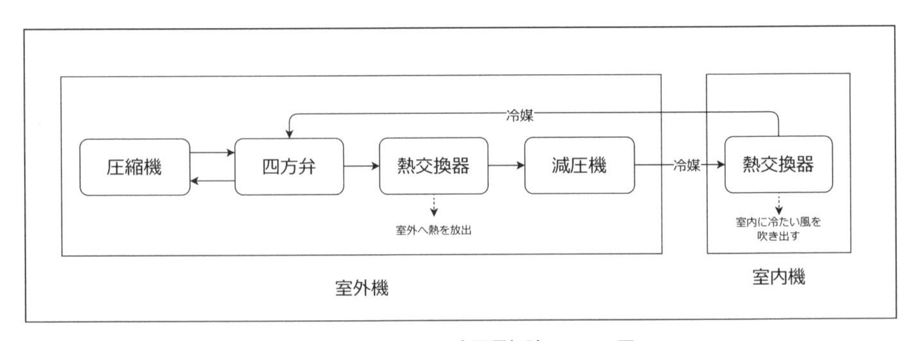

図3-3　エアコンの冷房運転時のフロー図

まず、「室内機」と「室外機」は、「パイプ(冷媒配管)」でつながっていて、パイプの中には「冷媒」という「液体ガス」が循環しています。

「冷媒ガス」は、「室外機」で冷房時には「減圧」され、冷却します。

暖房時には「圧縮」することで加熱します。

「熱交換器」は、熱を伝えるための「金属」と、空気を通過させる「ファン」がセットになっています。

「室内機」の熱交換器は、「クロスフローファン」などと呼ばれていて、「空気」を循環します。
金属に熱を取り込んだり、冷気を放出したりします。

図3-4　エアコンの室外機

掃除によるトラッキングの問題

「エアコン」に関する事故の情報を、NITEの「事故情報の検索[※1]」を使って集めてみました。

*

「エアコン」に関する事故が1267件で、そのうち「洗浄」をキーワードに含むものが120件です。

「エアコンの洗浄」について、「事故原因」で触れている件数が1割も発生していることは、認識しておいたほうがいいかもしれません。

「洗浄」をキーワードにした事故は、「発煙」や「発火」、「火災」につながっていて、原因を具体的に見てみると、「洗浄剤」による「トラッキング」のようでした。

*

「トラッキング」は、コンセント周りで「ホコリ」が付着することによる発熱、発火現象が一般的に知られていますが、「エアコン」の場合は、「クリーニング後」に発生しているというところに、怖さを感じます。

「エアコン清掃」の場合の「トラッキング」は、**「ファンモータ」の「コネクタ部分」や「電源端子」に、「洗浄剤の成分」が付着することで「トラック」(電気の流れる道)が出来て、電気が流れてしまう現象**のことです。

一般的に、「電気」が想定外の部分で流れる場合は、放電、また発熱して、「発煙」や「発火」につながることがあります。

「トラッキング」のような現象が起きる場合、異常な電流が流れているので、ブレーカーが落ちる可能性もあります。

その場合はすぐに使用を中止して、メーカーに相談しましょう。

*

また、トラッキング時には「異音」や「異臭」がすることがあります。
放電したり発熱したりすることにより、周囲の部品が溶けて臭いが発生するためです。
このような場合も、使用を中止してメーカーに相談します。

*

「トラッキング」という現象は、洗浄後にすぐ起きるとは限らないので、しばらくの間は注意が必要です。

「エアコンに掃除が必要」と言われている理由

ところで、「エアコン」のこのような事故件数を考えると、リスクが高いようにも思えます。

では、なぜ「洗浄が必要」と言われているのでしょうか。

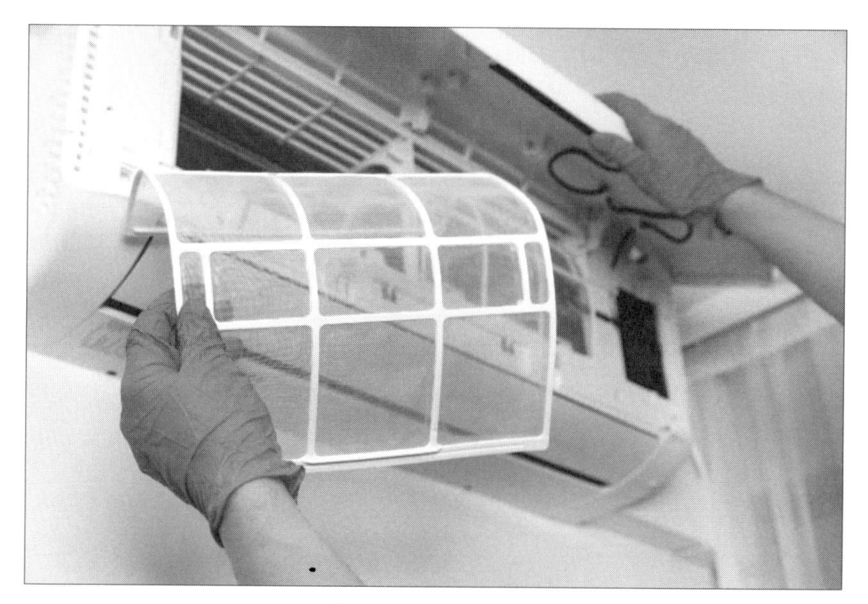

図3-5　エアコンの掃除

■臭いがする

「エアコン」に掃除が必要と言われている理由の一つとして、「臭い」が挙げられます。

「エアコン」は、空気を循環させる仕組みがあるので、空気に含まれた内部にホコリや汚れが溜まっていきます。
そして、エアコン内部がカビてきて、臭いの元が蓄積されます。

そして使用時に、嫌な臭いがするようになります。

■冷暖房の効果が薄れる

エアコンは空気を循環させることで「冷暖房」の効果が生まれるので、ホコリがフィルタに詰まっている場合は、空気の循環が悪くなり、冷暖房の効果が薄れてしまいます。

■動作音が大きくなる

「エアコン」の空気を循環させる仕組みは、「ファン」を利用したものなので、モータの「動作音」がします。

ホコリなどが付着すると、モータの負荷が高まり、動作音が大きくなります。

専門的な知識の必要性

このような事故が起きる原因として、「清掃業者の知識不足やミス」も考えられます。

*

「事故原因の内容」に書かれている中で目につくのは、「エアコン内部の洗浄」には「高い専門知識が必要」であるということ。

「エアコン」を洗浄する際に、コネクタなどの「端子部分」に洗浄剤が掛からないようにする必要がありますが、コネクタの位置は機種によって異なります。それを付着しないように処理をするのも、難しいかもしれません。

また、クリーニングも、「エアコン本体」を壁から取り外して、「完全に分解」して清掃するというのは、メーカーレベルでないと難しいので、そのまま掃除していることがほとんどだと思います。

*

そして、これは「自分でエアコンを洗浄した」場合にも同じようなことが言えます。

クリーニングにはそれなりの料金支払いが必要ですが、自分でクリーニングをする場合には、それを超える大きなリスクがあることも想定しておいたほうがいいでしょう。

洗浄時の注意点のまとめ

「エアコン」の洗浄時の注意点をまとめると、次のようになります。

・クリーニングをする場合は、メーカーや、適切な業者に依頼する
・洗浄後に、「エアコン」の運転時に何か異臭や異音などがする場合、直ちに停止する
・ブレーカーが落ちた場合は、「エアコン」を使用せずに連絡する

DIYによる設置、取り外しの危険性

前述したように、「エアコン」は、利用するためには工事が必要な仕組みになっています。

工事費用は数万円の必要が掛かることと、「エアコン」が付いていない賃貸では、取り付けや取り外しをする必要があります。

「工事費用」を浮かす目的や、興味本位などで、「自分」で取り付けたりすることがあります。いわゆる「DIY」ですが、「エアコン」に関しては特に危険性が高くなります。

しかし、エアコンは「設置」や「取り外し」にも危険性があります。

設置時に発生する問題

たとえば、「電源周り」では、「専用コンセント」が近くにないことがあります。その場合、延長コードを使用したり、ねじり接続で配線を延長したりすることがあります。

「エアコン」は消費電力が大きく、始動時の突入電流も大きくなっていますが、延長コードは、そのような電流に耐えられず、異常発熱して出火することがあります。
また、エアコンは大電流を扱うので、「専用コンセント」が必要です。
電源周りで接続がうまくいかない場合は、屋内の配線を工事するため、「電気工事」が必要になることもあります。これは、資格が必要になります。

取り外し時に発生する問題

「室外機」の取り外しでは、「ポンプダウン」という作業が必要です。

これは冷媒ガスを「室外機」に回収する作業です。冷媒ガスが回収できずに抜けてしまうと、冷暖房が機能しなくなります。

また、「室外機」の取り外し作業では、「圧縮機」に空気が混入してしまうと、異常な高温高圧になって、室外機が破裂するという現象が発生します。

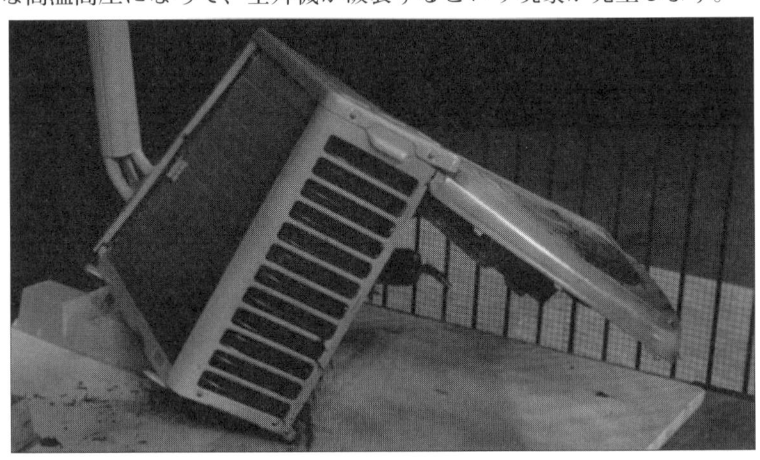

図3-6　室外機の破裂

エアコンの事故を防ぐには

ここでは「エアコン」が原因で発生する事故を防ぐには、どうするべきかを考えてみたいと思います。

*

まず、いちばんは、「専門業者に任せる」ということです。

「エアコン」は、「取り付け」や「取り外し」、「クリーニング」など、どれを取っても危険があることが分かります。

確かに、「工事費用」はそれなりの料金が掛かるのは間違いありませんが、自分でそのような工事を行なうのは、リスクが大きすぎます。

たびたび訪れる「DIYブーム」もあるので、ユーザーが自ら工事をしようとすることもあるかもしれませんが、「エアコン」の設置にしか使わないようなさまざまな道具が必要なのと、「火災」などのリスクがある以上、慎重に考えることを強くおすすめします。

＊

あとは、おかしな動作をしている場合には、使用を中止して「メーカーなどに問い合わせる」ということです。

「エアコン」を使っていて、ブレーカーが落ちる原因の一つに、「異常な電流が流れた」という症状があります。
特に、「エアコン」を分離してある「ブレーカー」が落ちた場合には、不具合の可能性が高いと言えます。

その場合は、使用を中止して「メーカー」に問い合わせましょう。

なお、そのままブレーカーを戻して使いはじめると、火災につながることもあるので、注意が必要です。

4 加湿器

「加湿器」は、冬場の乾燥シーズンを健康的に過ごしやすくするための家電です。

一方で、「加湿器」が原因となった、「火災」や「病気」なども報じられています。

*

ここでは、「加湿器」について、「なぜ健康上必要なのか」「仕組みはどうなっているのか」「注意すべきはどこか」などに触れていきます。

部屋を加湿する理由

「冬場」は、気温が低く乾燥しやすいので、体調不良になることがあります。

そんなときは、「加湿して乾燥を防ぐことが体には良い」と、経験的に知られているようです。

図4-1　加湿器

たとえば、昔は「ストーブ」の上にやかんを置いて、やかんから出る水蒸気で加湿をしていました。

「加湿器」は、加湿を行なうための電気製品であり、気をつけて使えば、安全で理想的なものと言えます。

＊

現在では、やかんによる加湿は、「空焚きしてしまう」「火傷してしまう」「加湿しすぎてしまう」などの理由からおすすめできませんが、このようなことが行なわれてきたことからも、加湿の重要性は昔から知られていたと考えられます。

＊

他にも、「濡れたタオル」を干すと「加湿効果」があるという話もあります。

すぐにできる方法ではありますが、タオルに雑菌が増えて、不快な臭いがしてしまいそうです。

図4-2　ストーブの上にヤカンをのせていた

「乾燥」とは何か？

ところで、「乾燥」とは、どのような状態のことでしょうか？

「加湿」というのは、「湿度」を高めることで、「湿度」とは、空気中に含まれる「水蒸気」の量のことです。

*

一般的に、「室内の乾燥度合い」を表わすのは、「相対湿度」が使われています。

「相対湿度」を表わす数で、ある体積の「空気に含まれる水蒸気」の量を、その気温の「最大の水蒸気量」で割った数を割合にして表示しているものです。

*

「空気」は温めると「乾燥」します。
空気中に含まれる「水分子」は熱を加えると運動量が大きくなり、拡散しやすくなるためです。

そのままだと「水分子」そのものは増えないため、体積あたりの湿度は下がります。

空気が「乾燥」している場合に体に起こることは多く、「喉の痛み」「肌の乾燥」「むくみ」「関節の痛み」などがあります。

空気が「乾燥」している状態では、「喉の粘膜の働き」が弱まり、炎症を起こしやすくなります。これにより、風邪を引きやすい状態になります。

また、「乾燥」では、体内や肌の水分量も減り、血行も悪くなります。
それにより、「肌の乾燥」や「むくみ」、「関節の痛み」も起こることがあります。

「加湿器」の種類

加湿器は、さまざまな方法で加湿します。

＊

まず、方式の名前を挙げてみます。

・スチーム式（加熱式）
・気化式
・超音波式
・ハイブリット式

「スチーム式」は、ヒーターを使って水を加熱し、蒸発させる方式です。

「気化式」は、水を含んだフィルタにファンで風を当てることで、蒸発させる方式です。ヒーターは使いませんが、ファンは駆動します。

「超音波式」は、水を超音波振動でミストを発生させることで加湿する方式です。

「ハイブリッド式」は、「温風気化式」「加熱超音波式」の２つがあります。

「温風気化式」は、「気化式で当てる風を温風にしたものです。

「加熱超音波式」は、超音波式で使う水をあらかじめヒーターで加熱しておく方式です。

メンテナンス

「加湿器」は、「タンク」や「フィルタ」など、メンテナンスが必要な部品があります。

「加湿器」の部品のメンテナンスを怠ると、「カビ」や「雑菌」などが繁殖します。
「カビ」や「雑菌」は、水分により繁殖するためで、「臭い」や「ぬめり」の原因になります。
また、それらが空気中に放出されると人が吸い込んでしまうことがあり、「アレルギー症状」を引き起こすことがあります。

これは、「加湿器病」や「加湿器肺炎」「過敏性肺炎」などと呼ばれています。

*

「加湿器」で繁殖するものの一つとして、「レジオネラ属菌」があります。
「レジオネラ属菌」は、感染すると、「レジオネラ症」になる細菌です。

この細菌は、「土壌」「河川」「湖」や「温泉」など、水中に存在していて、感染すると、潜伏期間を経て、発熱や倦怠感などの症状が現われます。

重症化すると、「レジオネラ肺炎」と呼ばれる肺炎や、多臓器不全を引き起こすことがあり、幼児や高齢者には命に関わることがあります。

「加湿器」による「レジオネラ症」が原因と見られる死者は数件確認されています。

*

加湿器に必要なメンテナンスは、次のようになります。

・タンクの水は毎日変える
・内部の汚れを定期的に落とす
・フィルタがある場合は、フィルタの汚れも定期的に落とす。

「加湿器」のメンテナンスでは、内部を清潔にすることと、水は毎日変えることで、「カビ」や「雑菌」を繁殖しないようにするのが、重要になります。

機種によっては、「フィルタ」がある場合もあります。その場合は「フィルタ」の汚れも落とします。すぐに使用しない場合は、乾燥させます。

「加湿器」と「リコール」

「加湿器」の中には、「リコール」されている製品があります。

*

2013年2月に、グループホームで、「加湿器」が原因とされる5人が亡くなった火災事故がありました。

この製品は、「蒸発皿」に固定されている「ヒーター」の取り付けが不充分で、周辺の樹脂に接触して、発煙や発火する場合があったようです。

リコールは、10年近く経過した現在でも進められています。

また、「NITE」の**「加湿器、空気清浄機及び除湿器の事故防止(注意喚起)」**というページ[※1]では、リコール一覧を見ることができ、多くの製品がリコール対象になっていることが分かります。

※1：https://www.nite.go.jp/jiko/chuikanki/press/2013fy/140130.html

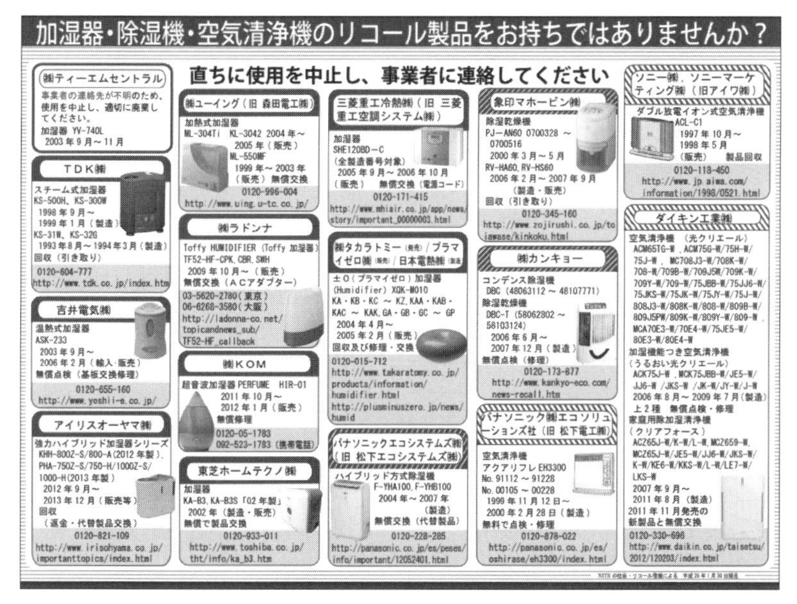

図4-3 「加湿器」「除湿機」「空気清浄機」のリコール情報

加湿器の事故

「加湿器」の事故には、次のようなものあるようです。

・蒸気やお湯によるやけどの事故
・水によるショートの火災

「加熱式」などの「加湿器」は水を加熱して蒸気を作り出すものなので、蒸気やお湯が溢れることによって、やけどをすることがあります。

また、「加湿器」は水を扱うので、タンクや本体を洗浄しますが、その際に注意をしないと、機器の内部の部品や電気回路が浸水してしまうことがあります。

浸水したまま使うと、ショートして、火災へとつながります。

洗浄する際には、取扱説明書を読み、浸水を避けるようにしてください。

韓国の加湿器事故

韓国では「加湿器殺菌剤」による事故が起きています。

「PHMG」や「PGH」という、すでに広く使われていた消毒剤を、「加湿器」で使えるようにした製品が販売されました。

これらの「加湿器殺菌剤」は、加熱され水蒸気に含まれたものを、呼吸器から吸入すると、「気管」周囲の炎症、上皮の脱落、肺の繊維化、炎症反応を起こす有害物質です。

*

2000年代前半に「加湿器ブーム」があった際に、「加湿器殺菌剤」も売れ、2006年頃から人体への悪影響が疑われ、2011年に回収命令が出ています。

100人近くの人が亡くなり、多くの人が後遺症を患っています。

国内ではこれらの「加湿器殺菌剤」は流通していない製品ですが、厚生労働省も「韓国の加湿器用除菌剤の回収についての情報提供」というPDF※2を公開しています。

※2：https://www.mhlw.go.jp/stf/houdou/2r9852000001z31f-att/2r9852000001z44g.pdf

取扱説明書に記載の無い薬剤の使用による洗浄は注意が必要です。

5 洗濯機

「洗濯機」は、現代の生活では、なくてはならない電化製品です。

かつては、「三種の神器」の一つと呼ばれていて、早くから普及が望まれていました。

平成26年の総務省による全国消費実態調査では、「洗濯機」の世帯普及率は、「100%」に近い水準にあったようです。[※1]

＊

「洗濯機」は、今や万人に必須の「家電」ですが、その一方で、「ケガ」などの原因になっているという報告も増えています。

※1 「おうちで洗う」が人気？洗濯事情｜経済産業省
https://www.meti.go.jp/statistics/toppage/report/minikaisetsu/hitokoto_kako/20220210hitokoto.html

洗濯機の仕組みと種類

「家庭用の洗濯機」は、大きく分けて2つの種類があります。

・ドラム式洗濯機
・縦型洗濯機（全自動洗濯機）

「ドラム式洗濯機」は、比較的新しい種類の洗濯機で、回転する部分である「ドラム」が「横向き」、あるいは「斜め向き」になっている洗濯機です。

「ドラム式洗濯機」の洗い方は、は衣類をドラム内で回転させることで「持ち上げ」、そして「落とす」ことで汚れを落とします。

この方法は、**「たたき洗い」**と呼ばれています。

*

「縦型洗濯機」の洗い方は、洗濯槽の回転により水を撹拌することで、洗濯している衣類同士をこすり合わせることで汚れを落とします。

この方法は、**「もみ洗い」**と呼ばれています。

*

これらの洗い方の違いにより、「ドラム式洗濯機」は**少ない水で洗える**とされ、「縦型洗濯機」は**汚れが落ちやすい、ただし衣類が少し痛みやすい**とされています。

図5-1 「乾燥機付きドラム型洗濯機」と昔から普及している「縦型洗濯機」

「ドラム式洗濯機」のデメリットは「重さ」です。製品によって異なりますが、小型のものでもドラム式は80kg近くの重さがあるようです。

一方で「縦型洗濯機」は40kg程度のようでした。

*

洗濯機の「設置場所」として、「防水パン」と呼ばれるものがあります。

「防水パン」は、洗濯機の万が一の際の「水漏れ」被害を防ぐ役割があり、標準的なサイズとして、外寸が「640mm」の正方形、奥行きは同じで、幅が「740mm」、「800mm」と横幅が広いものがあります。

コンパクトサイズ用の「600mm」四方の正方形もあります。

＊

「洗濯機の設置」には、内寸のほうが重要になることもあり、設置前に実寸を測っておくことをおすすめします。

洗濯機の事故

洗濯機の「使用時の事故」で、気をつけたいこととして、「洗濯槽のフタ」があります。

＊

最近の洗濯機は安全のために、動作中に「洗濯槽のフタ」が開かないようにするロック機構がありますが、この機構が何らかの原因で正しく作用しないことがあるようです。

洗濯機の動作中に、「洗濯槽」に手を入れて、洗濯物に触ることでケガをしてしまったという事故がありました。

このような事故の防ぎ方としては、**洗濯機の動作中(「洗濯槽」が回転中)にはフタを開けない**こと。

ロック機能が故障していることもあるので、動作中には「フタ」を無理に開けないようにします。

＊

「洗濯槽」の危険性で言えば、**子供が閉じ込められる**という事故もありました。

「縦型洗濯機」は入りにくいですが、「ドラム式洗濯機」の場合は、ドラムが横になっているので、子供でも入りやすい構造になっています。

子供がいる環境下では、「洗濯機」の「チャイルドロック」は忘れないように心掛けましょう。

「チャイルドロック」機能がない機種の予防方法として、日本赤十字社のページ[※2]では、ゴムバンドで固定する方法を紹介しています。

※2　子どもの事故予防(日本赤十字社) https://www.jrc.or.jp/study/safety/house/

「洗濯機」に衣類を入れる際には、その「種類」や「素材」に気をつける必要があります。

「種類」によっては、「脱水時」に洗濯機が大きく動いて周囲を破損させたり、本体が転倒することがあります。

＊

「防水性」のものを洗濯した場合には、水を通さないために、洗濯槽の中に水が溜まったままになることがあります。

脱水時には、その水が急激に動いて回転が不安定になり、異常振動につながるようです。

大きく揺れるので、建物を傷つけることや、転倒することがあります。

《参考》洗濯機　「2. 脱水時に転倒」|製品安全|製品評価技術基盤機構
https://www.nite.go.jp/jiko/chuikanki/poster/kaden/01310102.html

洗濯機の動作中は、「底部」にも注意が必要です。

消費者庁は、「運転中の縦型全自動洗濯機の下に手を入れ怪我をする事故に注意!」というページ[※3]を公開しています。

※3：https://www.caa.go.jp/policies/policy/consumer_safety/child/project_001/mail/20220318/

このページによると、子供がケガをしたことが触れられていますが、大人も「落とした洗濯物」を拾うためなどの理由で、**洗濯機の「底部」に手を入れてケガをする**という事故が起きているようです。

洗濯機の底部は、回転する部分に手が届くようになっています。

「洗濯機」と「床」や「防水パンと」の間に手足が入り込むような隙間がある場合は危険で、特に、洗濯機をかさ上げするために使う「洗濯機用高さ調整ゴムマット」などを使うと、大きな隙間ができるようです。

洗濯機の設置の際は、とくに小さな子供がいる家庭では、底部にできる「隙間」を塞ぐような対策が必要かもしれません。

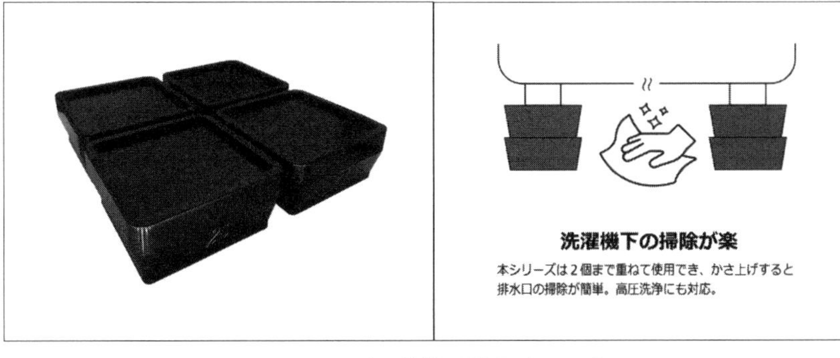

図5-2　ネットで簡単に買えるゴムマット
広告では、かさ上げでできる隙間による掃除のしやすさをアピールしているが…

図5-3　JEMAが配布している安全チラシのPDF

「JEMA」(一般社団法人日本電機工業会)では、「洗濯機の下の隙間から絶対に手や足を入れないで!!」というページ※4で注意喚起をしています。

※4：https://www.jema-net.or.jp/Japanese/ha/sentakuki/se_anzen02.html

洗濯機と漏電

「洗濯機」にはほとんどの場合、「アース」(接地)があり、必ず取り付けるように、という表記を見かけます。

*

「アース」とは、接地のことで、文字どおり、大地に電気を流す仕組みのことです。

ただし、常に流しているのではなく、万が一、「漏電」したときに「感電」を防ぐのがアースの役割です。

「電化製品」は、電源コードや、配線などが劣化し、本来は絶縁されていて流れないはずの筐体の金属部分に、電流を流してしまう状態になることがあります。それを、「漏電」と言います。

「漏電」している金属部分に人が触れると、「感電」します。
「洗濯機」は水を扱うため、手が濡れてしまうことがあり、濡れている状態で漏電している部分を触ると、乾いている状態と比べて、身体に受けるダメージが大きくなり危険です。

*

この「漏電」している状態のときに「洗濯機」が「アース」に接続されていることと、「漏電遮断器」が備わっている場合、「漏電した電気」が「アース」を流れることで「漏電遮断器」がそれ検知し、感電する前に「遮断」されるので、「漏電」に気がつくことができます。

*

「アース」を接続していない場合、「漏電遮断器」が備わっていても、感電するまで漏電が検知できないなど、正しく動作しない場合があります。

「アース」は、以前は「水道管」への接続を許容するようなものもありましたが、現在では金属管ではないことも多く、アースとしては認められていないようです。

「漏電遮断器」の仕組み

「漏電遮断器」は、「出ていく電流」と「帰ってくる電流」の「差」を検知し、一定以上の差が出ることで遮断します。

アースを接続していない場合は、漏電した電流が「元の道」に帰ってしまう可能性があり、漏電の検知が出来ない可能性があります。安全だけでなく、漏電遮断器の動作のためにも「アース」の接続は必要です。

また、漏電している電気製品(漏電遮断器が動作した場合)は、既にどこかの絶縁が劣化していて感電の危険がありますので、ただちに使用を中止して新しいものと交換しましょう。

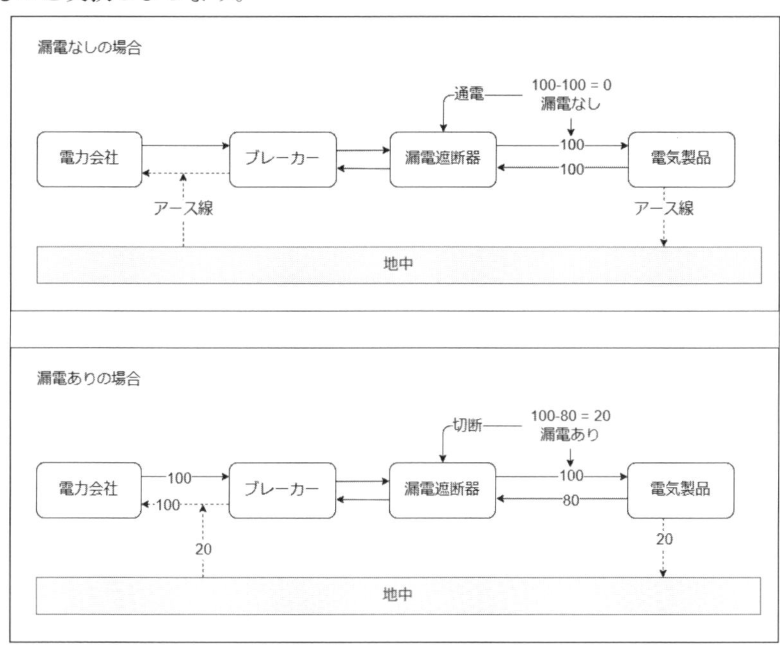

図5-4　漏電遮断器の略図

6 スマートフォン

パソコンよりも身近で、多くの人が使っている「インターネット接続端末」は、「スマホ」(スマートフォン)です。

「スマホ」を利用することで、「ネットショッピング」や「ゲーム」、「チャット」や「SNS」など、楽しく便利な世界が広がっています。

*

しかし、一方で、広く外部に接続されることで、利用者が多いコンテンツなどは、悪用されることも多々あります。

また、スマホユーザーをターゲットとした、さまざまな詐欺も増えています。

「スマホ詐欺」のパターン

スマホで行なわれる詐欺には、次のようなパターンがあります。

・警告詐欺
・当選詐欺
・ワンクリック詐欺
・フィッシング詐欺
・ネットショップ詐欺

これらは複合的な場合もありますが、基本的には「偽物の情報」を表示して、ユーザーから金銭を引き出そうとするものと、「ユーザーの情報」を不正に引き出すような動作をする、「マルウェアアプリ」をインストールさせるものがあります。

*

「警告詐欺」は、「ウイルスに感染した」などという、偽の警告を表示します。

「当選詐欺」は、「プレゼントが当選しました」などという、偽のメッセージを表示します。

「ワンクリック詐欺」は、サイトで「無料で視聴」のようなボタンを押すと、「課金」されたと表示されるものです。

「フィッシング詐欺」は、メールやSMSなどで「未払いがあるのでクリックしてください」というようなメッセージを表示します。

「ネットショップ詐欺」は、「通販サイト」が偽物で、頼んだ品物が送られてこないという詐欺です。

図6-1　子供から大人まで、一人一台時代の「スマートフォン」

「詐欺メッセージ」の表示タイミング

まず、これらの詐欺に関わるメッセージが表示されるタイミングですが、多くの場合、「ウェブページ」を閲覧したときに表示されます。

*

「ウェブページ」は「あらゆる経路」で表示できるので、「ブラウザ」を使用している場合とは限りません。

たとえば、「ニュースアプリ」も内容の表示には、「アプリ内ブラウザ」を使用している場合が多いです。

これらは、「広告ネットワーク経由」でスクリプトを実行し、詐欺メッセージを表示するページへ誘導させるものもありました。

また、表示しているのは「ウェブページ」であるので、スマホ上の「ウェブブラウザ」で表現可能な演出は、すべて利用できます。

たとえば、「音を出す」ことや、「バイブレーション」させることも可能です。

*

次に、「メール」や「SMS」を表示したときです。
これも、「ウェブサイト」への誘導がメインですが、「メールアドレス」や「電話番号」を知られているということで、怖さがあります。

*

上記のパターン以外で何かが表示されているとすれば、すでに何らかのアプリがインストールされている場合も考えられます。

その場合は、信頼できる上級者のアドバイスを聞きながら、アプリ一覧を見直してアプリをアンインストールしたり、携帯ショップを頼ったりする必要がありそうです。

広告の悪用による詐欺

一時期、「ウイルスを検出された」というような内容の「ウイルス警告詐欺」が流行していました。

この詐欺が強力だったのは、「普通のブログ」や「ニュース」を読んでいても表示される場合があることでした。

＊

たとえば、一般的な「広告が表示されるページ」であっても、「一部の広告が表示された場合」に、画面移動が行なわれて詐欺ページが表示されます。

表示内容も、「機種名」などは実際に取得できたものが表示されたり、現在の日付や、カウントダウンなど、油断させる仕掛けがありました。

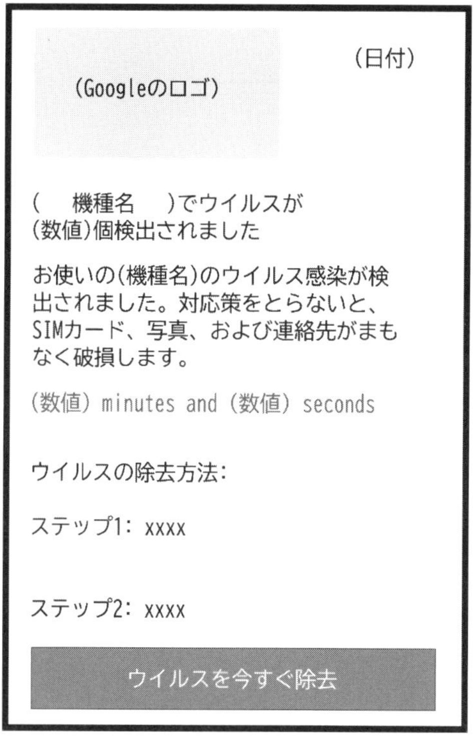

(Googleのロゴ)

(日付)

(　機種名　)でウイルスが
(数値)個検出されました

お使いの(機種名)のウイルス感染が検出されました。対応策をとらないと、SIMカード、写真、および連絡先がまもなく破損します。

(数値) minutes and (数値) seconds

ウイルスの除去方法:

ステップ1: xxxx

ステップ2: xxxx

ウイルスを今すぐ除去

図6-2　一時期流行したGoogleを装った詐欺広告

電話の着信による詐欺

最近は、違った手法として、「電話」の着信による、「自動音声」を使った詐欺も行なわれているようです。

これは、SMSの延長線上ではありますが、「電話が掛かってくる」という意味で、より怖さは増すかもしれません。

大阪府柏原市のページ[※1]でも注意喚起をしていて、「インターネット利用料の未払い」や、「郵便物が届いている」などのメッセージが、「自動音声」によって伝えられます。

最終的には、「番号操作」に誘導されて、オペレータに扮した人間が電話に出て、「近日中に払わない場合、訴訟に入る」というような内容の脅しを受けるようです。

※1：自動音声ガイダンスを悪用する詐欺にご注意ください！|大阪府柏原市
http://www.city.kashiwara.osaka.jp/docs/2020051100014/

電話が掛かってくるというという意味では「オレオレ詐欺」と似ていますが、固定電話ではなく、携帯電話に掛けてくるというところに恐ろしさを感じます。

不正なアプリの混入経路

「スマホ」は、個人情報の宝庫でもあります。

「スマホ」から情報を抜き出すように考える悪人も多く、先ほどの「ウイルス警告詐欺」のように対策などとして「スマホに不正なアプリをインストール」させることも、一つの手段になっています。

一般に言われているのは、Androidを搭載したスマホでは、**「公式ストア以外からアプリはインストールしない」**という対策です。

Androidは、初期設定では「公式サイト」のアプリしかインストールできませんが、設定を変更することで、「公式ストア以外」からのアプリもインストールが可能になります。

「公式ストア以外」ではアプリの審査が行なわれていないので、それらで配信されたアプリの中には、不正な動作をするものもあります。

*

「公式ストア」が安全かといえば、そうでもありません。

「公式ストア」は、事前の審査として「アプリ」をスキャンしていますが、「公式ストア」でも「マルウェア」が配布されることがあります。

最初の審査時は問題がない内容で、後に、アップデートで「マルウェア」に変わってしまうというものです。

「マルウェア」になってしまうアプリも、「悪意ある開発者」によって「作り変えられる」場合もあれば、「アプリ開発者」以外が開発した「フレームワーク」という「アプリを構成する部品」が原因の場合もあります。

不正なアプリに対するOSの対策

スマホの「OS側」も、「不正アプリ」の対策を加えています。

たとえば、「カメラ」や「マイク」、「位置情報」を取得する場合は、事前に「ユーザーによる許可」が必要です。これを「権限」と言います。

「カメラ」の権限がなければ、そのアプリは撮影機能を利用できず、「位置取得」の権限がなければ位置を取得することはできません。

また、「Android 12以降」では、「カメラ」や「マイク」が動作しているときに画面右上に「ドット表示」がされるようになりました。

「公式ストア」でも「マルウェア」に感染する可能性がある以上、アプリに「余計な権限」を与えないほうが安全です。

オール電化

「電気料金」の値上げは、「消費電力」が大きい「家電製品」の利用に影響し、とりわけ「オール電化」にしている環境では、今後の「電気料金」がさらに増大することが予想できます。

*

ここでは、「オール電化」と「電気料金」の今後を考えてみたいと思います。

「電気料金の高騰」と「オール電化」

2016年4月以降の「電力自由化」によって、「新電力」という「大手電力会社」以外の「電力会社」の参入が認められるようになりました。

「電力自由化」は、「電力会社」が“サービス競争”を行なうことで、「**電気料金の低価格化**」が期待されていました。

しかし、「新電力」の電気料金は、「燃料費高騰」による値上げが進み、2021年4月には、706社の中で、104社が「契約停止」や「事業撤退[※1]」など、経営状況が悪化しています。

また、「大手電力会社」も燃料費高騰の影響を受けて、2023年6月1日から料金の値上げになることが決定しています。

*

具体例として、東京電力は28%近くの値上げ申請を行ない、実際には14%の値上げをしています。

このような電気料金の値上げは、「消費電力」が大きい家電製品の利用に影響し、「オール電化」を進めている家庭では、今後の電気代がさらに厳しくなっていくでしょう。

> ※1：岐路に立つ新電力。利用者の安心を守る電取委の「次の一手」は | 経済産業省 METI Journal ONLINE
> https://journal.meti.go.jp/p/23923/

「オール電化」とは

「オール家電」は、主に「**お湯を沸かす機器**」と「**加熱調理する機器**」の組み合わせにより、「ガス」や「石油」などの、“電気以外のエネルギー”を使わないようにするシステムです。

*

「オール電化」は「家電製品」というよりは「インフラ」に近いもので、次のような機器によって構成されています。

・IHクッキングヒーター
・電気給湯器
・エアコン
・床暖房
・太陽光発電

「IHクッキングヒーター」は、「磁力」を利用して「鍋」や「フライパン」を発熱させ、食材を加熱します。

これによって、火を使わずに料理ができます。

*

「電気給湯器」は、電気によってお湯を沸かす仕組みで、「お風呂」や「蛇口」からお湯を出すための仕組みです。

「エコキュート」と呼ばれるものが使われることがあります。これは「ヒートポンプ」という仕組みで、空気を圧縮させて温水を作ります。

*

「エアコン」は、「石油ファンヒーター」などの代わりに暖房としても使います。

*

「太陽光発電」は、オプショナルな要素で、「太陽光パネル」単体か、「バッテリー」

とセットで利用します。

発電した電気は利用でき、それにより電気料金を抑えることができます。

また、余っている電気を売るという、「売電」もできます。

「バッテリー」がある場合は、昼間に発電した電力を夜間に回すこともできます。

「オール電化」のメリット

「オール電化」にすると、次のようなメリットがあると言われています。

・火災の危険性が少ない
・光熱費の節約
・環境への配慮になる
・災害に強い

まず、「オール電化」は、火を直接扱わないで調理ができるので、「火災の危険性が少ない」とされています。

また、「光熱費の節約」になる部分は、**夜間電力によって電気料金が安い時間帯に、「電気給湯器」でお湯を沸かしておく**ことで、電気料金の節約ができるなどの効果があります。

「環境への配慮」は、火を直接使わないことと、発電方式によっては「CO_2を排出しにくい」があります。

「災害に強い」というのは、電気の「災害時の復旧時間」が、他のインフラに比べて短いためと言われています。

*

上述のようなメリットをみると、「オール電化」はとても良いものに見えますが、現在では「電力のインフラ」に変化が出てきたため、この想定とは少し異なってきています。

「電力」というインフラの変化

「電力」のインフラに変化があり、「オール電化」の想定が少しずつ異なってきています。そのインフラの変化について述べます。

*

一つは、2011年に起きた「東日本大震災」による「電力構成の変更」です。

2011年以降、東日本大震災によって原子力発電が使用できなくなり、その影響で、発電に利用されるエネルギーの割合が2011年以降で大きく変化します。

原子力は、「事故の可能性」や「放射性廃棄物の問題」はあったものの、「低コスト」で「CO_2を排出しない」発電方法と考えられていました。

「電気製品」が「環境に優しい」とされていた部分の根拠は、これによるものが大きかったと考えられます。

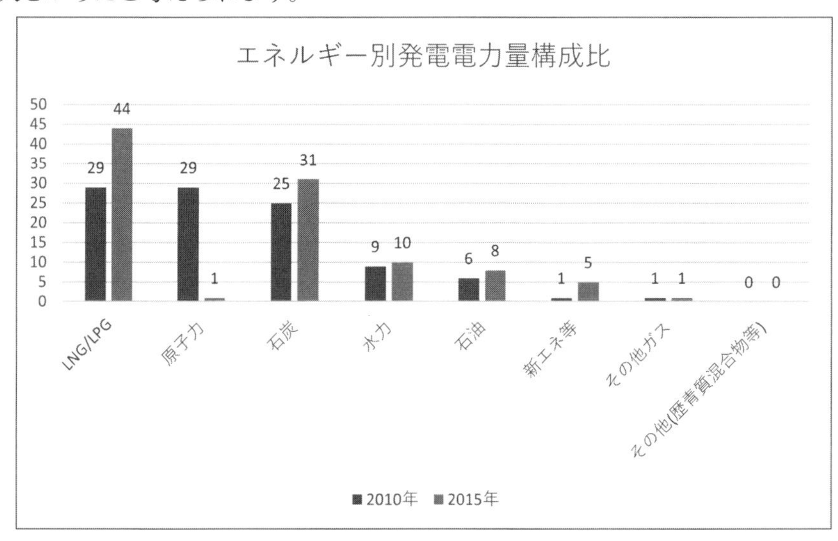

図7-1　エネルギー別発電電力構成比：2010年と2015年の比較

2023年現在でも、エネルギーの割合は「LNG」と「石炭」がメインの発電方式です。

また、主なエネルギーではありませんが、「電気料金」に影響がある部分として、「FIT」を含めた「卸電力取引市場」からの調達の増加があります。

「FIT」とは、「固定価格買取制度」のことで、「電力会社」に「再エネ」で発電した電気を、「国が定めた固定価格」で買い取るように義務付ける制度のことです。

この「固定価格」は、「太陽光発電」により発電された「電力」を「売電」する際には買い取り価格が有利になりますが、「電力会社」や「消費者」にとっては負担になります。

電気料金の変化

「電気料金」は2010年には20.4円/kWhだったものが、2020年には23.2円/kWhになるなど、もともと上昇傾向にありましたが、2022年2月以降のウクライナ情勢によって、「燃料価格」の高騰の影響を受けています。

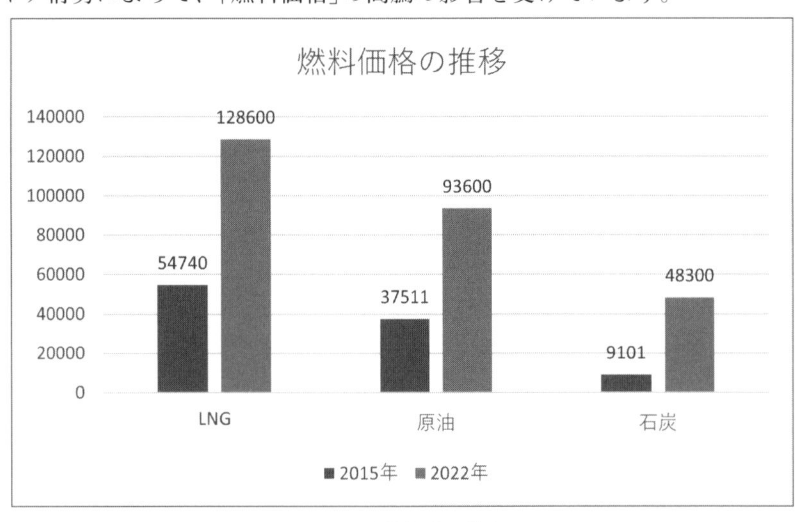

図7-2 燃料価格の推移

エネルギーの種類別の値上がり率は、LNGが「134.9%」、原油が「149.5%」、石炭が「430.7%」です。

2023年6月には、14%近くの値上げになることが決まっています。

「再エネ」の課題

「再エネ」は、「再生可能エネルギー」の略です。

「太陽光」、「風力」「水力」など「自然界に存在するエネルギー」で、温室効果ガス(CO_2など)を抑制する効果があると考えられています。

自然由来のエネルギーである「太陽光」や「風力」は、従来のエネルギーのように「市場価格」の影響を受けにくい特徴がありますが、「再エネ」にも課題があります。

「再エネ」を使った発電は、その日の天候に「発電量」が左右されるので、そのままでは不安定で「利用できない」のです。

*

「電力」として供給するには「発電量」を安定させます。
それには、「調整可能」で補助的な発電システムを利用する必要があります。

現在では、「火力発電」などが使われていて、「火力以外の方法」として挙げられるのは、「蓄電池」の活用です。

現状で「エネルギー効率」が最も良いと考えられるのが「リチウムイオン電池」ですが、製造コストが高く、火災の原因になるなど、実用化はされているものの課題は多く残されています。

また、「水力発電」の一種である「揚水発電」は、古くから使われてきた方法で、「水力発電」と同じく、水を「高所」から「低所」に流すことで発電します。

「水力発電」と異なるところは、高所側に電力で「水を汲み上げる」という仕組みで、これは「蓄電」と同じような効果があります。この電力として「太陽光発電」なども利用できます。

一方で、「揚水発電」は山を切り開いて建設するので「建設コスト」が高く、発電する電力が「ピーク時」に使われてしまうので、採算性も悪いとされています。

また、古くからの発電方式なので、設備として寿命を迎える発電所が1割ほどあるとされています。

電気の技術的課題

「再エネ」の大きな課題は「不安定さ」ですが、不安定さを補う「電力」を安全に蓄えておくのは難しいのが現状です。

しかし、「蓄電技術」の明るい兆しとして、トヨタ自動車が2027年に実用化を目指していると発表した、「**全固体電池**」があります。

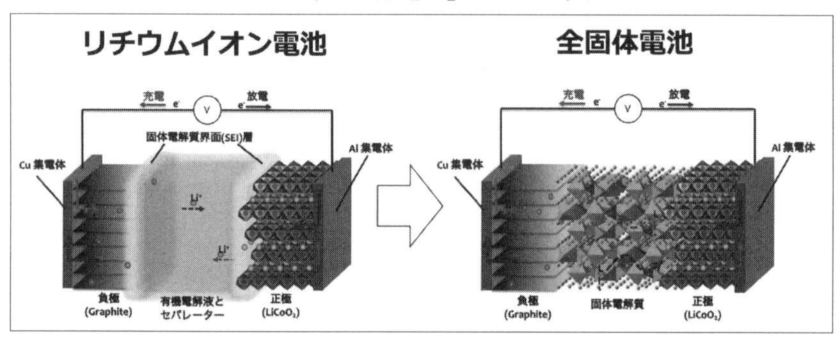

図7-3　リチウムイオン電池と全固体電池の違い(東京工業大学提供)
東陽テクニカホームページより(https://www.toyo.co.jp/)

2027年に実用化を目指している「全固体電池」は、従来の「リチウムイオン」で出来たバッテリーよりも、「大容量」かつ「高性能」で安全な電池だと考えられています。

＊

今回は、「耐久性問題」に目処がついたため、予定よりも早く実用化できる見込みとしています。

「新しい電池」の登場は「エネルギー問題」を解決する可能性があります。

電気のこれから

「電力需要」は増えています。

たとえば、「ビットコイン」の採掘時に消費するエネルギーが、2022年8月の推定値で、「世界の年間電力使用量」の0.4%から0.9%に相当※2していることや、「ChatGPT」などの「生成AI」の登場で、コンピュータの活用は、これからも増加すると予想できます。

＊

一方で、「エネルギー資源」を輸入して利用する「電力」は、「世界情勢の変化」に影響を受けています。

また、現状の「電力」は「火力発電」がメインになっていて、「環境に優しい」とは言えないものになっています。

＊

環境負荷の少ない「再エネ」は、「建設コスト」や「運用コスト」の課題がありますが、「エネルギー資源を輸入しない」という意味では、「世界情勢」には影響を受けにくいので、コストによって、今後は利用比率が高くなる可能性もあります。

「再エネ」の課題を解決することができれば、「電力」はふたたび「環境に優しい」ものになり、「オール電化」も本当の意味での「エコ」になります。

それまでは、「エネルギー」の現状と、「技術の変化」を見守る必要がありそうです。

※2：OSTPが、暗号資産の気候・エネルギーへの影響に関する報告書を発表 « デイリーウォッチャー | 研究開発戦略センター(CRDS)
https://crds.jst.go.jp/dw/20221116/2022111633742/

8 ネット家電

今、「インターネット・サービス」に接続できる「テレビ」が増えています。

＊

「ウェブ・ブラウザ」でサイトを閲覧したり、「動画配信サービス」を「テレビ」で再生したりする機能で、たとえば、「Netflix」や「YouTube」のようなインターネット・サービスを、「PC」や「スマホ」を使わずに、「テレビ」で再生することができます。

「ランサムウェア」に狙われるテレビ

「インターネット・サービス」に接続する機能を内蔵した「テレビ」が作りやすくなったのは、「Android TV」という、「セットトップボックス用のAndroid」があるためです。

図8-1　動画サイトやホームページが閲覧できる「Android TV」

しかし、「テレビ」が進化していく中で、「Android」を搭載するデメリットもあります。Android用の不正なソフトウェアが実行されてしまうのも、その一つです。

*

「Android」には、**「ランサムウェア」**という、ユーザーに対して脅迫を行なう不正なソフトウェアがあり、これがテレビで実行されてしまうことがあります。

「ランサムウェア」は、「不正なリンク」などによりインストールを行ないます。

*

不正なリンクは、巧妙で、あらゆるパターンが考えられます。

たとえば、「特別な動画を再生できるようになる」「セキュリティをチェックする」などです。

*

不正なソフトの中には、セキュリティチェックを巧妙に回避するものがあります。

インストール時には無害なアプリとして動作して、時間の経過とともに不正な動作に切り替わっていくようなものは、すぐには発見できないものもあります。

アプリのインストール時や、その後に管理権限での実行が求められることがあり、ユーザーの個人情報の取得を試みます。

最終的に、取得した個人情報などを使って脅迫メッセージを表示するようです。

*

もし、実際このようなことが起きた場合は、**脅迫メッセージには従わず**、メーカーに問い合わせてみたほうがよさそうです。

また、ネット対応のテレビの注意点としては、**「公式ストア以外からアプリをインストールしない」**こと、**「正体不明なアプリに管理権限を与えないこと」**が挙げられます。

一般的なネット家電と脆弱性

ネット家電は、「IoT (Internet of Thing) 機器」とも呼ばれます。

インターネットから情報を取得することや、遠隔操作が実行できることで、一般的には“利便性”が上がります。

たとえば、「自宅の外からテレビ番組を予約する」というような使い方です。

*

しかし、利便性が上がり、便利になる反面、**「脆弱性（ぜいじゃく）」**には要注意です。

テレビもそうでしたが、ネットに接続できる電気製品は、比較的高度なOSが搭載されていることが多く、ネット家電でも高度なものになると、「Android」や「Linux」などの高性能なOSを搭載しています。

「Linux」や、それとセットで使われる機能には、特定のバージョンに「脆弱性」が発見されることがあります。

「脆弱性」が発見された場合、その部分の修正のために「アップデート」が必要になります。

しかし、アップデート手順が難しくてそのままにしてしまう場合や、メーカーがアップデートを公開しない場合などで、そのままになることもあります。

*

脆弱性があり、インターネット上に公開されてしまっていると、悪用される可能性が高まります。

たとえば、脆弱性や正しくない設定によって、「DDoS攻撃」の踏み台にされるようなことです。

脆弱性は制御を乗っ取られる可能性があり、正しくない設定は不正なパケットの中継点になるようなサービスが、インターネット上に露出している場合です。

*

「DDoS[※1]攻撃」は、攻撃対象となるサーバが受け付けられないほどの大量のリクエストを行ない、サーバダウンを引き起こすことが目的の攻撃です。

※1　DDoS…Distributed Denial of Service：分散型サービス拒否

攻撃対象となるWebサーバなどに対し、複数のコンピュータから大量のパケットを送り続けることで、正常なサービス提供を妨げる行為を指します。

「DDoS」で攻撃を行なう者は、発信元でのブロックが行なわれないようにするので、さまざまな発信元(踏み台)を必要とします。

ネット家電で注意する部分の一つは、設定に問題がある、また脆弱性がある機器をそのまま使う、サイバー攻撃に加担してしまうことがある、ということです。

対策としては、ネットの情報や取扱説明書などを確認し、設定を見直してみること、また、最新のファームウェアを適用することです。

《参考》
https://www.ipa.go.jp/security/iot/about.html

「スマートプラグ」の遠隔操作と危険性

「スマートプラグ」は、「ネット家電」の中でも、最も気をつけるべきものでしょう。理由としては、「危険と分かっていても、あらゆる機器が接続できてしまう」からです。

*

たとえば、「電気ストーブ」「石油ファンヒーター」「電気こたつ」など、電熱器の類です。

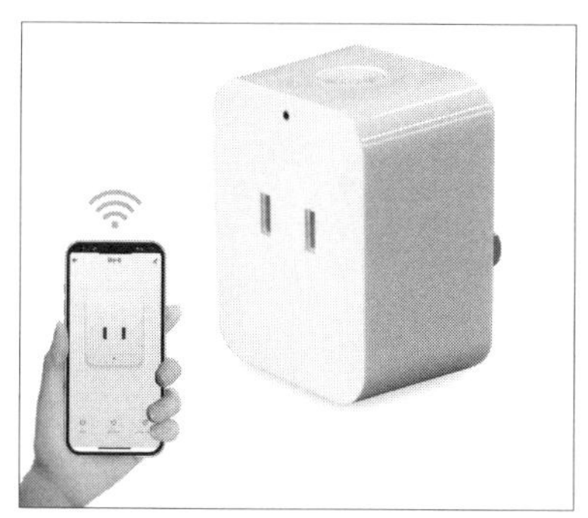

図8-2　Wi-Fiで遠隔操作可能な「スマートコンセント」
「Alexa」「Google home」「Echo」などに対応。

これらの電化製品が、**「人が近くにいなくても、電源を入れることができてしまう」**ということは、その電化製品の状態を判断できない中でスイッチを入れてしまうと、状況によっては火災につながることもあるからです。

*

しかし、実際には、どのような機器であっても、少なからず危険が潜むことは、認識しておく必要があります。

たとえば、「扇風機」であっても、「照明」であっても、想定外の故障で、「発熱」や「発火」をする可能性もあるのです。

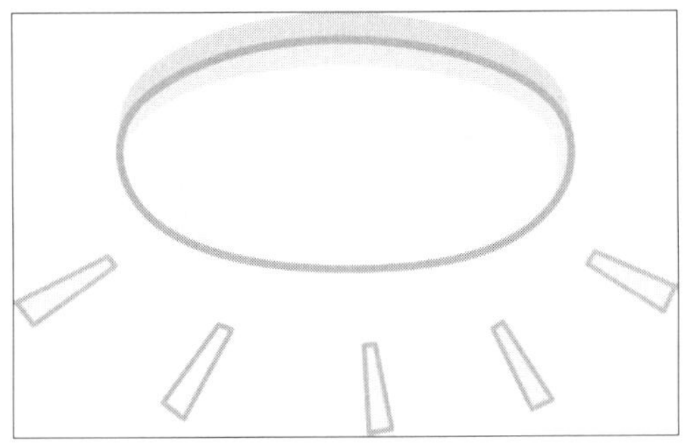

図8-3 「家電製品」を遠隔操作できると便利だが、想定外の挙動を起こしてしまうと…

また、スマートプラグの「不具合」によって電源が勝手に「オン／オフ」するなど想定外の挙動をしたり、「脆弱性」や「設定ミス」によって、「接続している電化製品の制御を第三者に乗っ取られる」という可能性も、想定しておく必要があります。

*

ところで、一部のメディアが「電熱器」や「こたつ」を「スマートプラグ」に接続することを紹介し、「電気用品安全法違反」であるとして、後に訂正を出していましたが、それらのニュースでは、具体的に法律のどの部分に違反しているのかは書かれていませんでした。

筆者が調べた限りでは、具体的な指摘は見つけられませんでしたが、次のようなことだと、推察しました。

*

まず、経産省の「電気用品安全法令・解釈・規定等」というページ※1の「電気用品の技術上の基準を定める省令の解釈について」の中にある、「別表第八」と「別表第四」があります。

そして、電気用品の技術基準の詳細として別表があるのですが、「別表第八」は「器具そのもの」で、「別表第四」は「配線器具」となっています。

この「別表第四」の中に、「遠隔操作機構」に関する記述(1 (2) ロ)があり、そこに書かれているのは、遠隔操作機構があるものは、本体スイッチ、またはコントローラの操作以外で電源「オン」が禁止で、ただし、「危険が生ずるおそれのないもの」は許可がされる、と読める記述がありました。

その下に、「危険が生ずるおそれのないもの」を限定する文があり、その中の一つに、次の内容があります。

*

(a)配線器具は、接続できるものとして、遠隔操作に伴う危険源がない又はリスク低減策を講じることにより遠隔操作に伴う危険源がない負荷機器に限定されているものであること

この「限定条件」が満たせなくなるのではないかと思われます。

現状としては、この「限定」は「仕組みとしての限定」ではなく、「使用者への同意」や「取扱説明書などへの記載」によって限定しているようです。

*

なお、「電気用品」として販売する際に表示が必要となる「PSEマーク」は、「技術上の基準」に適合していることを確認する義務を履行する必要があります。

ここで重要なことは、法律の違反の有無よりも、「現実的なリスク」があるということです。

遠隔操作には、「リスク」があることを認識して、「スマートプラグ」は接続する電気製品に気をつけて使いましょう。

※1　電気用品安全法令・解釈・規定等 - 電気用品安全法(METI/経済産業省)
https://www.meti.go.jp/policy/consumer/seian/denan/act.html

「サービス終了」があるネット家電

家の鍵をスマホで開けられるようになる、「スマートロック」製品の一つが、「サービス終了」すると、ネット上で話題になりました。

*

通販サイトでは、サービス終了が発表されたあとも、「サービス終了予定」という表示はありながらも販売されていました。

この製品は、「買い切り型」というもので、月額利用料が掛からないものであったようです。

この製品の場合は、クラウドのサービスが終了することで、クラウド上の機能である「ロックの登録」や「鍵の発行」などが、動かなくなるようです。

*

「ネット家電」は、次のようなことが起きるかもしれません。

- 「専用アプリ」が「更新されない」ために、「OSのアップデート」に対応できない。
- 「クラウドサービス」が停止して通信ができなくなり、使用不能になる。
- 「サポート期間終了」後に、「ファームウェアに脆弱性」が見つかり、使用中止が勧告される。

上記のようなことが起こると、「ネット家電」としてだけではなく、「電化製品」としても、使えなくなってしまうことがあります。

インターネットの世界は日進月歩で、「ネットサービス」の流行り廃りが激しいですが、「家電製品」は長期的に使うものが多いと思います。

「ネット家電」を買うときは、「サービス終了後」の動作を確認しておくといいかもしれません。

9 バッテリー

近年は、「電化製品」に「バッテリー技術」が浸透し、小さな“スタートアップメーカー”が作る「小型機器」にも、「バッテリー」が搭載されていたりします。

＊

大手メーカーでも小型で便利な製品を作っていて、たとえば「ワイヤレス・イヤホン」は、小型電池を搭載できたからこそ、実現できた製品とも言えます。

バッテリー製品が引き起こす問題

バッテリーを使った小型製品には、ほとんどのものに「リチウムイオン電池」と呼ばれる「バッテリー」が搭載されています。

家電製品小型化の立役者となった「リチウムイオン電池」ですが、これらのバッテリー製品には、さまざまな危険性も指摘されています。

＊

横浜市では、「リチウムイオン電池」が原因の「ごみ収集車の火災※1」が多発しているとされています。

＊

ここでは、リチウムイオン電池の特性と、危険性、取り扱い方法について考えてみたいと思います。

※1 【危険】収集車の火災が多発しています！！バッテリー内蔵製品は「燃やすごみ」に混ぜないでください！ 横浜市
https://www.city.yokohama.lg.jp/kurashi/sumai-kurashi/gomi-recycle/gomi/tyokusetsu/default20220627.html

「リチウムイオン電池」の特性

「リチウムイオンバッテリー」の一般的な特性は、以下のとおりです。

・エネルギー密度が高い
・メモリー効果が起こりにくい

いちばんの特徴は、他のバッテリーよりも「エネルギー密度」が高いことです。
これによって、「小型でも大容量」と言えます。

*

バッテリーの「エネルギー密度」は「製造方法」によりに異なるため、定まった「エネルギー密度」にはなりませんが、さまざまな情報を参考に、おおよその数値を**表9-1**にしました。

表9-1　主な電池のおおよそのエネルギー密度

バッテリーの種類	エネルギー密度（Wh/kg）
リチウムイオン電池	200
ニッケル水素電池	100
鉛蓄電池	35

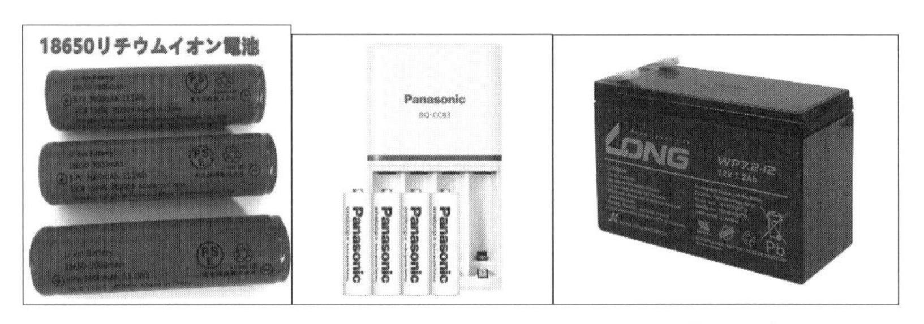

図9-1　左から、「リチウムイオン電池」「ニッケル水素電池」「鉛蓄電池」

「メモリー効果」とは、電池を使い切らずに、充電池の容量がある状態で充放電（継ぎ足し充電）を繰り返すと、充電池を使用中に、充電を繰り返した付近で電池電圧が一時的に低下し、機器が止まったりする現象です。

主に、ニカド電池で見られる現象で、現在主流の「ニッケル水素充電池」は、この「メモリー効果」の影響がほとんどありません。

「リチウムイオン電池」の仕組み

「リチウムイオン電池」は、「電解質」「セパレータ」「電極材」「容器」から構成されています。

「電極材」は、「正極」と「負極」で異なり、「正極」は「コバルト酸リチウム」、「ニッケル酸リチウム」、「マンガン酸リチウム」などが使われています。

「負極」は、「炭素」(カーボン)などを材料として使います。
「正極」と「負極」はセパレータで別れていて「電解質」で浸されています。

「リチウムイオン電池」は、「電解質」に「電解液」を利用しています。

「リチウムポリマー電池(LiPo、リポバッテリー)」は、「電解質」に「ポリマー」という「ゲル化」(半固体状のもの)した素材を利用します。

「リポバッテリー」は、小型化されていることも多く、「おもちゃ」や「ドローン」、「ゲーム機」などで使われています。

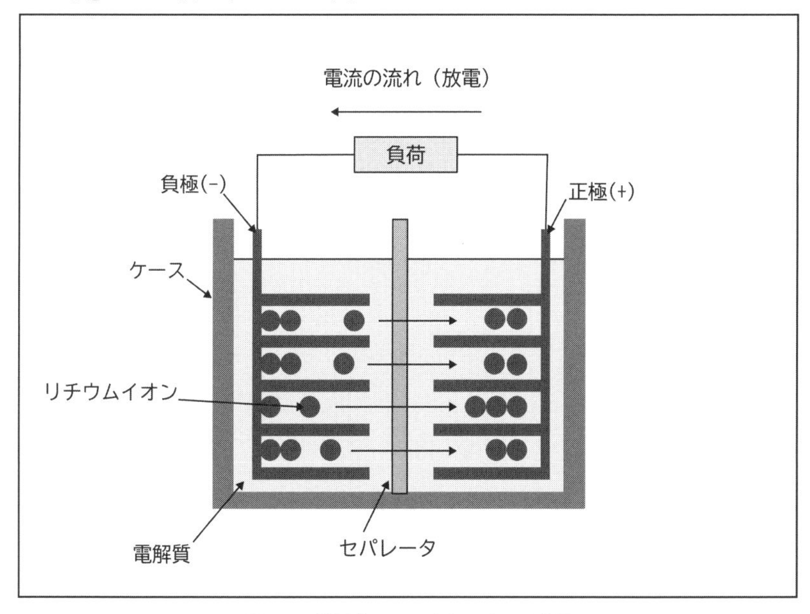

図9-2　放電中のリチウムイオンの略図

「バッテリー」に負荷が接続されると「放電」になり、「負極」にある「リチウムイオン」が「正極」に集まります。

充電時は、「正極」にある「リチウムイオン」が「負極」に戻ります。

「リチウムイオン電池」の問題

「リチウムイオン電池」が問題になるのは、「発熱」「発煙」「発火」です。
これらのほとんどは、「内部短絡」が原因と推測されています。

*

「内部短絡」は、バッテリー「内部」が変化することにより起きます。

「リチウムイオン電池」は、次のことは「してはならない」とされています。

・衝撃を与える
・過充電する
・過放電する
・加熱する

これらの行為をしてはならないのは、「セパレータ」の損傷や、「可燃性ガス」の発生につながるためです。

*

「衝撃を与える」というのは、「落とす」、「曲げる」、「釘のようなもので刺す」など、「セパレータ」を損傷させるようなダメージを与えることです。

「加熱」は、「暖房のそばに置く」、「炎天下に置く」、「火に投入する」などです。
その場合は、「可燃性ガス」が発生して、発火につながります。

「バッテリー」の状態の流れ

「バッテリー」は、「セパレータ」が破損すると、「内部短絡」(ショート)の状態になります。

「過充電」では、「析出現象」により「内部短絡」が発生します。

「内部短絡」の短絡は「ショート」のことで、「電流が流れる道」が「設計には無い箇所」に形成されることです。

ショートしている部分は、「大きな電流」が流れやすく、「発熱」します。

「析出」現象とは、「液状」のものが「固体化」するもので、「リチウムイオンバッテリーの一例では、「イオン」が「金属リチウム」として「固体化」するものです。

「固体化」することで、トゲのようなものとなり、「セパレータ」を損傷、「内部短絡」の状態になります。

「過放電」では、「負極」が溶解し、充電が難しくなり、また、溶解したものが「析出」することがあります。

「発熱」により「電解質」の分解が進み、電池の内部に「可燃性ガス」が発生します。

「ガスの発生」は、「バッテリーが膨らむ」という状態で確認できることがあります。

注意すべき点として、「バッテリーが膨らむこと」は設計の範囲内で、「通常のバッテリー使用」でも発生します。

「電解質」の分解は、通常のバッテリー利用時にも発生し、充電する容量が減少する「電池の劣化」は起こります。稀に「ガスの発生」があります。

「バッテリー」や、「バッテリー搭載機器」が膨らんで見えるような場合、「使用しなければ安全」と言われていますが、早めに交換したほうがよさそうです。

また、バッテリーは「製造時」に「不純物」が含まれることがあり、使用時に「析出」することもあります。

「バッテリー」には、破裂防止のために「ガスを排出する弁」があるので、「バッテリー」そのものが「破裂」することは、ほとんど無いと考えられますが、バッテリーの加熱時に発生するガスの量は多いので、着火した場合は相当な大きさの火になります。

「バッテリー」の取り扱いには、充分注意しましょう。

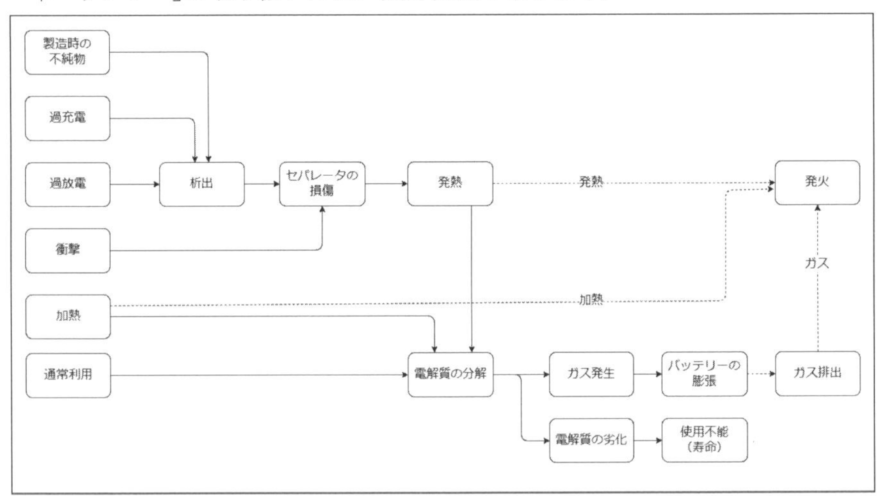

図9-3　バッテリーの状態のフロー図

「スマートフォン」のバッテリー

「スマホ」のバッテリーは、ある時期を境に、取り出すことができなくなっています。

*

なぜそのような設計に移行したのか、メーカー側の説明はありませんが、次のようなことが推察されています。

・防水・防塵性の確保
・大容量化に伴う安全性の確保
・危険な互換バッテリーの排除

現在のスマホはかなりの数が、「防水」「防塵性」に対応しています。

これは「水分」や「空気」の流れを遮断することで、スマホの内部に「水分」や「粉塵」が入らないようにする仕組みが、あるものです。

「防水」では、「隙間」に対する工夫が必要です。

最近では、「コネクタ」そのものが防水対応のような仕組みになっていますが、一時期は「充電コネクタ」の部分に「エラストマー」という「ゴム」と「プラスチック」の中間となる性質の材料を使った、「キャップ」を付けていました。

「バッテリー」が取り外せる場合は、「取り出し可能」になる「隙間」に対して「エラストマー」のようなものを防水性の材料として入れる必要がありますが、それが難しいことがあります。

「バッテリーの大容量化」では、バッテリーの容器のサイズが大きくなるため、「防水対策」が難しくなるのに加えて「互換性バッテリー」(非純正バッテリーとも呼ばれる)の問題があります。

「純正のバッテリー」は交換可能なものであっても高価な場合がありますが、「リチウムイオン電池」の場合は特に「安全性」に関わるので、「純正品」が推奨されます。

バッテリーは「不純物が混入しない製造」が必要になるのと、過放電や過充電の状態から守る「保護機能付きの制御回路」、ガスに対応できる「容器」が必要です。

安価なバッテリーは、これらの品質が保証されていない「粗悪なバッテリー」もあり、品質の良くないバッテリーを使うと、「発火」や「破裂」などを起こすことがあります。

*

上述のような問題があるため、現状では、スマホのバッテリー交換や取り外しを、ユーザーにさせないように、EUではスマホのバッテリーをユーザーが交換できるようにする法律を準備しています。

スマホのように、充放電を頻繁に行なう製品は、「電池の消耗」が激しく、劣化しやすいものになっていて、バッテリー交換も費用が安くはないという難点があります。

掃除機のバッテリー

バッテリーが「大型」で「大容量」であれば、「純正バッテリー」の値段は高くなります。

「互換バッテリー」は安価で、通販サイトでは純正を見つけるのが難しいぐらい多くの互換品が表示されることもあります。

経済産業省のニュースリリース※1によると、「コードレス掃除機」に取り付ける「互換バッテリー」で、重大製品事故が7件発生し、リコールが掛かっている製品があるようです。

「充放電をしていない保管状態であっても、発火のリスクがある大変危険な製品」とされていて、危険度が高い製品であることが想像させます。

リンク先には安全な放電方法が書かれていて、この手順により放電することで、安全な状態になるとされていますが、バッテリーの難しさが分かります。

※1　(有)すみとも商店、ロワ・ジャパン(有)が輸入したコードレス掃除機用非純正のバッテリーパックについて（METI/経済産業省）
https://www.meti.go.jp/press/2021/10/20211029005/20211029005.html

バッテリー廃棄の問題

「バッテリー」を搭載している製品は、バッテリーを取り外せるものと、「取り外せない」ものがあり、取り出せない場合は、「製品を適切に破棄」するしかありません。

*

まず、**「取り外せる場合」**は、「家電量販店」や「ホームセンター」などにある「リサイクルボックス」が利用できます。

取り外せない場合の「電化製品」を処分する場合、次の種類に分かれます。

・家電リサイクル法の対象機器（エアコン、テレビ、冷蔵庫・冷凍庫、洗濯機・衣類乾燥機）
・小型家電リサイクル法の対象機器（携帯電話、炊飯器、掃除機など）
・資源有効利用促進法の対象機器（パソコンなど）
・粗大ごみの対象機器（電子レンジなど）

「バッテリーが搭載されている機器」は、「自治体」によって処分方法が異なるので、「居住する自治体の案内」に従って処分します。

「PSEマーク」について

通販サイトの「互換バッテリー」の製品ページには、「PSE認証取得」という表記もところどころで見られますが、この表記は不正確とされています。

「PSEマーク」は“確認した証”として、“事業者”が製品に表示することができるのであって、「国」や「第三者機関」から取得するものではありません。

「PSEマーク」については、「電気用品安全法の概要」という経産省のページ※1に記述があります。

※1　電気用品安全法の概要 - 電気用品安全法（METI/経済産業省）
https://www.meti.go.jp/policy/consumer/seian/denan/act_outline.html#notification

「電気用品安全法」では、「PSEマーク」は、事業届出を行なった事業者が、「技術適合義務」を履行した場合に許可される「表示」になります。

「PSEマーク」の表示が許可される場合以外は、「電気用品」にPSEマークや、紛らわしい表示は禁止されています。

「電気用品」の製造や輸入、販売を行なう事業者は、「PSEマーク」などの表示がない「電気用品」を販売、まは販売の目的で陳列することはできません。

電気用品安全法が対象とする「電気用品」は「電気用品安全法施行令」の「別表第一の上欄」と「別表第二」に書かれているもので、「特定電気用品」は、「別表第一の上欄」に書かれているものになります。

「特定電気用品」は菱形、「特定電気用品以外の電気用品」は丸形で「PSEマーク」を表示します

*

「リチウムイオン電池」は「特定電気用品以外の電気用品」の表になっている「別表第二」の一二に記載があり、1個当たりの体積エネルギー密度が400Wh/l以上のものとされています。

つまり、ある程度の容量があるバッテリーは「特定電気用品以外の電気用品」に該当し、販売を行なうには「PSEマーク」の表示が必要になります。

「特定電気用品以外の電気用品」の「PSEマーク」の表示には、「第三者検査機関」による検査はありませんが、「技術基準」への適合を自主的に確認する義務があり、「定格電圧」や「外観」に対する全数検査の義務があります。

*

以上のように、「PSEマークは認証のためのマークではないので、表記が正しくない可能性があるのと、バッテリーの「PSEマーク」表示では、「第三者機関」の検査は含まれません。

通販サイトで購入する場合は、「互換バッテリー」の製造、輸入をしている事業者が本当に適切かを見極める必要があります。

参考: モバイルバッテリーに関するFAQ - 電気用品安全法(METI/経済産業省)
https://www.meti.go.jp/policy/consumer/seian/denan/mlb_faq.html

表9-2　PSEマーク

「ACアダプタ」などで表示されている「PSEマーク」表示には登録検査機関による「技術基準適合性検査」の適合が必要	「モバイルバッテリー」などで表示されている「PSEマーク」 表示には自主的な検査が必要

「リチウムイオン電池」の安全な使い方

「リチウムイオン電池」の使い方をまとめてみます。

・純正品を使う
・正しい充電方法に従う
・長期的に使わない場合は、電池残量を50%程度にしておく
・バッテリーが膨らんだときは早めに処分する
・適切な方法で処分する

まず、「純正品」をできる限り使用することが大切です。

「バッテリー」には「保護回路」や「品質チェック」が含まれることがあるので、安全性が確保されている「純正品」が安心です。

「互換品」は安価であったり、純正品よりも容量が大きいことが表示されていたりします。

「正しい充電方法」は大事です。「過充電」や「過放電」などがされないように、正しく扱うことができる充電方法を利用します。

長期的に使わない場合は、「電解質」の分解を防ぐためにも、残量を50%程度にしておきます。

また、「自然放電」で容量が減る場合は適度なタイミングで再度「充電」を行ないます。

「バッテリーが膨らんだ」場合は、電解質の分解によりガスが蓄積していると思われるので、使用せずに処分します。

「バッテリー搭載製品はそのままゴミとして出すと「危険」なので、「自治体」の案内に従って処分します。

バッテリーの保護回路

「リチウムイオンバッテリー」は、「過放電」や「過充電」「ショート時の大電流放出」から「バッテリーセル」を守るために、「保護回路」が必要になります。

「保護回路」とは、「バッテリーセル」の「電圧」を検知して充放電を制御するもので、一般的には「制御用のチップ」と、いくつかの周辺部品によって構成されています。

製品の設計によって異なりますが、「バッテリーセル」や「電池パック内」に保護回路がある場合と、「製品の本体側」にある場合、また「両方」で制御している場合があります。

バッテリーの「保護回路」は「バッテリーセル」を保護する安全のためのもので過信はせずに、使用者側でも製品使用時に「過放電」や「過充電」に気をつける必要があります。

「互換バッテリー」は、コストダウンなどのために、このような回路が正しく機能しない場合もあるので、注意が必要です。

「電池パック型」には「充電電圧」を通知する機能があり、デジタルカメラなどではその情報で残量表示を行なう場合がありますが、「互換バッテリー」の中には「想定される内容」を返さない場合があり、正しく表示できないないことがあります。

図9-4　通販サイト「aliexpress」にあったセル型のバッテリー
上部に保護回路のようなものが見える

図9-5　通販サイト「aliexpress」にあった電池パック型のバッテリー
仕組みとしては「保護回路」が内蔵されている

10 マッサージチェア

「マッサージチェア」とは、椅子の形状をした据置形の「マッサージ器」のことです。

＊

「電気マッサージ器」の中でも筐体が大きく、家電量販店や宿泊施設、空港など、多くの場所で気軽に体験できます。

意外に知られていない「マッサージ器」の危険性

「マッサージチェア」は、ただの家電製品ではなく、「家庭用医療機器」に分類されます。

＊

「マッサージチェア」を含めた「マッサージ器」は、「マッサージ効果」があるとされていて、「筋肉の状態を改善」することで、「疲労回復」や「血行の促進」など、各部分の痛みを緩和する効果があります。

また、体調が改善されるように機能します。

＊

しかし、「マッサージ器を利用することで、“ケガ”や“体調悪化”につながることがある」とは、あまり知られていません。

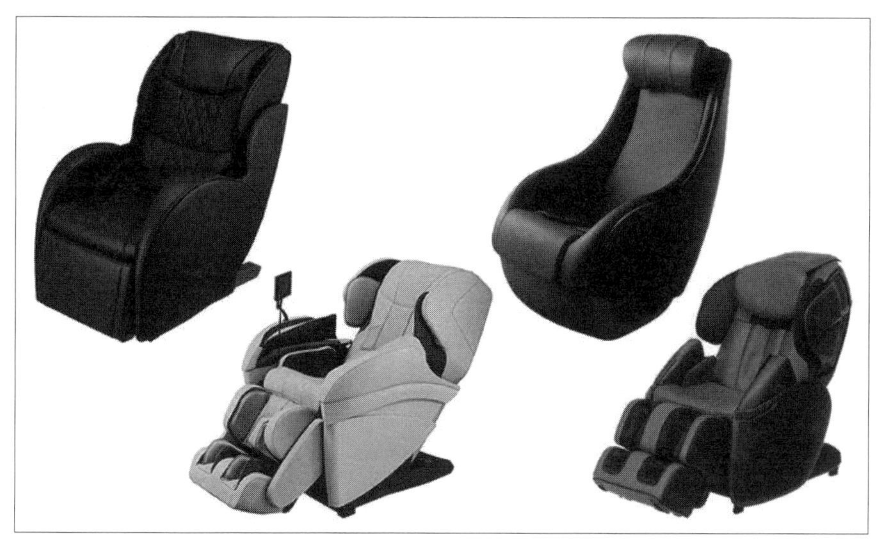

図10-1　各メーカーから数多くの「マッサージチェア」が販売されている

「マッサージ器」によるケガ

「独立行政法人国民生活センター」では、「家庭用電気マッサージ器による危害」というページ※1で、マッサージ器の利用による「ケガ」や「体調悪化」などの症状に関する相談が、複数寄せられていると注意喚起しています。

＊

そこに書かれている症状は、「内出血」や「骨折」に加えて、「神経・脊髄(せきずい)の損傷」も発生しているようです。

＊

このような事故の大半は、購入後の家庭での利用中に起きていますが、約1/4は、店舗や宿泊施設などで起きているということです。

※1：家庭用電気マッサージ器による危害ー体調を改善するつもりが悪化することも！特に高齢者は注意が必要ー(発表情報)_国民生活センター
https://www.kokusen.go.jp/news/data/n-20160121_1.html

同じページにあるPDFの「症状別の件数」と「被害者の年代」は、次のようになっています。

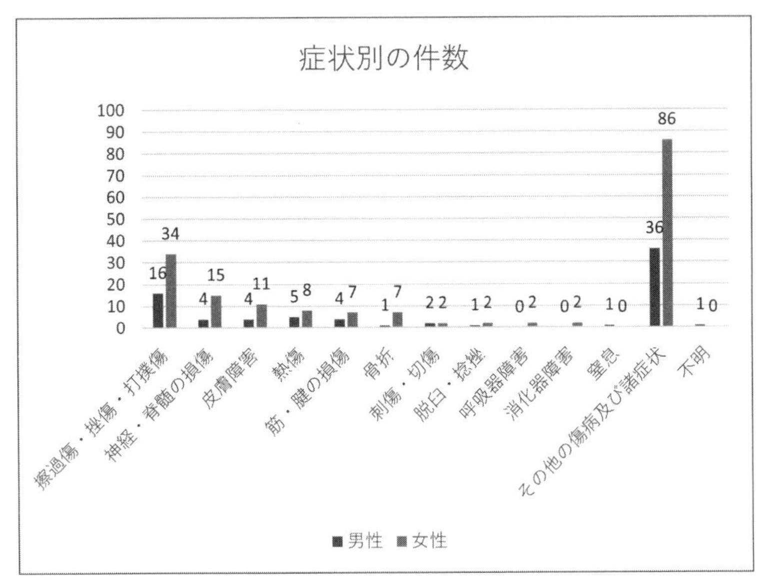

図10-2　症状別の件数

この資料では、「年齢別」と「性別」の分類で、「年齢が高い」割合が多くなっています。

また、「男女差」があることの理由に関する記載はありませんでしたが、一般に男女差があると言われているものから関連する項目を挙げると、「筋肉量」や「骨密度」の違いが影響している可能性があります。

*

また、この資料によると、「マッサージ器」の使用が禁止される疾病の一部には、次のようなものがあるようです。

・血栓症
・動脈瘤
・皮膚炎
・皮膚感染症

表10-1　被害者の年代

年齢	男性	女性	男女計	割合
10歳未満	0	1	1	0%
10歳代	0	0	0	0%
20歳代	2	4	6	2%
30歳代	3	14	17	7%
40歳代	4	21	25	10%
50歳代	6	25	31	12%
60歳代	18	44	62	25%
70歳代	28	31	59	24%
80歳代	8	23	31	12%
90歳代	2	1	3	1%
無回答	4	12	16	6%
全体	75	176	251	100%

「マッサージ器」の利用で注意すべきこと

国民生活センターのページでは、「マッサージ器」を利用する上での「消費者へのアドバイス」がありました。

その内容をまとめると、次のようになります。

・利用者の体調や疾病などを考慮して使用可能かを販売店や医師に確認する。
・使用前に機器の外観をチェックして、異常がある場合は使用しない。
・「停止方法」など、機器の操作方法を知る。
・運転モードを「弱」から始める。
・身体に異常を感じた場合は、使用をすぐに中止する。

まず、利用者の身体の状態から判断して、「マッサージ器を安全に使えるか」ということを確認します。

たとえば、利用者が骨折しやすい体質であるとか、血行状態や、皮膚、筋肉の状態が良くない場合は、使用できないことがあります。

*

「マッサージ器」を利用できないケースの具体例は、「取扱説明書」の記載に従います。

「家庭用電気マッサージ器」は、「医療機器の分類」で、「クラスII」の「管理医療機器」に分類されます。

認証を受ける必要があり、その認証では、取扱説明書に「使用できない場合」に関する注意表示の記載が求められているので、取扱説明書に記載されている内容を店舗での体験時や購入時には「販売員」に尋ねる必要があります。

*

次に、機器の外観をチェックして、故障や異常が無いかなどを調べます。カバーが壊れている場合などは、安全に使用できない可能性がありますので、使用を中止します。

また、使用時には「操作方法」を確認します。「緊急停止」の仕方や、「運転モード」の変更です。

*

運転を開始するときは、運転モードを「弱」にして、刺激を弱くしてからスタートします。

そして痛みなどを感じたらすぐに使用を中止します。痛みなどの状態が長引くか、悪化するようであれば医療機関に相談します。

「ローラー式マッサージ器」の事故

「ローラー式電気マッサージ器」を、「布カバーを装着しない」「本来は足に使うものを、肩や背中に使用」という状態で使った結果、衣類を巻き込み、窒息して死亡したという事故が複数報告されています。

この状態での使用は、「本来の使用方法」とは異なる「誤った使い方」とされていますが、平成11年から平成29年までの間に、6件の事故が発生しています。

この機種は、カバーによってローラーに直接触れないようにして安全性を確保する仕組みで、カバーは「必須」になります。

また、「カバーを外した使用」は設計の想定外になるため、巻き込み時の「安全装置」(過負荷保護装置)が無く、カバーを外したまま利用することは、「危険性が高い」と言えます。

*

メーカーは、2014年(平成26年)に厚生労働省のページ[※2]を通じて「使用中止」を呼びかけていますが、この製品は、昭和58から平成2年までに約42万台が販売されていて、販売台数が多いため、現存、または今でも使われている機器は、あると考えられます。

執筆時点(2023年)では、オークションサイトでの取引も確認できるなど、潜在的な危険性はまだあると考えられます。

> ※2：ローラー型家庭用電気マッサージ器による窒息事故の防止について ｜報道発表資料｜厚生労働省
> https://www.mhlw.go.jp/stf/houdou/0000048680.html

このような「マッサージ器」は、次のことに注意する必要があります。

・本来とは異なる使用方法をしない
・改造をしない
・メーカー以外が修理を行なわない

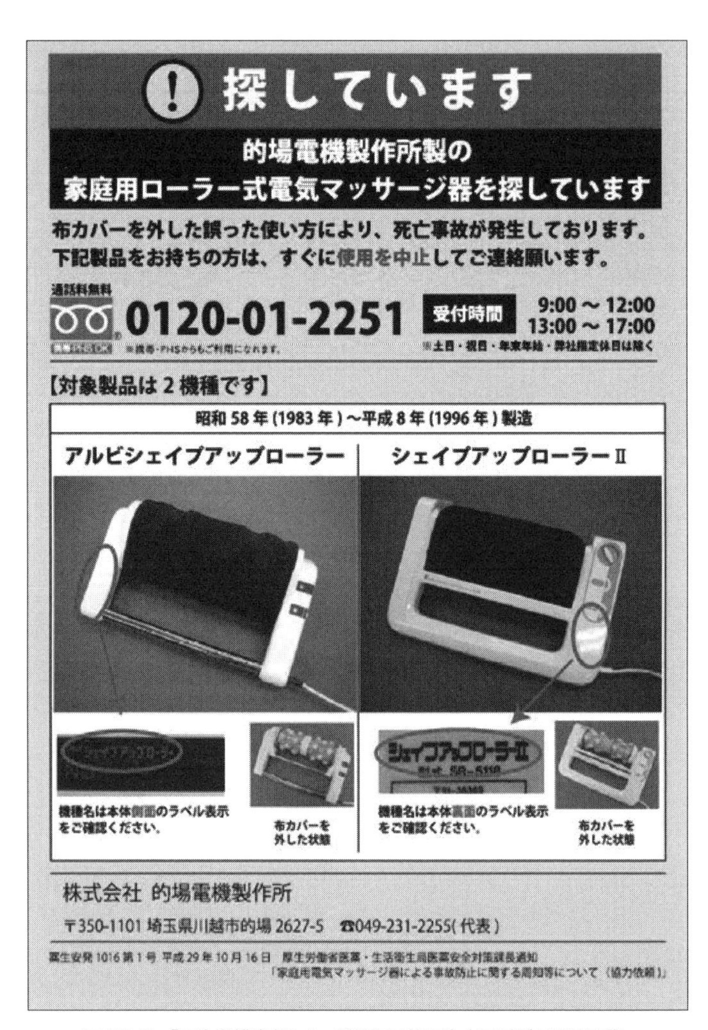

図10-3 「厚生労働省」のページにある使用中止を呼びかける画像

《参考》家庭用電気マッサージ器の適正使用のお願い
https://www.hapi.or.jp/caution/index.html

《参考》家庭用電気マッサージ器の正しい使用について（注意喚起）
https://www.mhlw.go.jp/stf/seisakunitsuite/bunya/0000048807.html

「マッサージ器」の「フリマサイト」への出品

個人間の売買サイト、いわゆる「フリマサイト」では、「一部のマッサージ器」の販売を禁止していることがあります。

理由としては、販売を行なう上で、「法律上の許可または届け出」が必要となる、「管理医療機器」に該当する場合があるためです。

*

たとえば、家庭用電気マッサージ器は「管理医療機器」の「クラスII」に分類され「リスクが比較的低い」とされていますが、前述したように「事故」や「健康被害」も発生しているので、このような分類に該当する製品の販売などは管理が必要になります。

マッサージ器以外にも、次のような種類の機器が「管理医療機器」に相当します。

・自動電子血圧計
・超音波吸入器
・低周波治療器
・磁気治療器

「管理医療機器」を「業として販売や授与、貸与する場合」は、届け出が必要となります。

「オークション」では、継続反復して利益を出すようなものではない場合がほとんどだと思われるので、「業」ではないように考えられますが、サイト側では出品を禁止している場合があります。

しかしながら、これらは「オンライン販売サイト」や「家電量販店」では入手できるため、気が付かないで出品、取引してしまうこともあるかもしれません。

次のような注意が必要になります。

- 「売る側」と「買う側」の両方は、出品する機器が「管理医療機器」に該当するかを確認する。
- 「売る側」は、そのような機器を出品しないようにする。
- 「買う側」は、そのような機器を正規の販売店から新品で購入するようにする

このような機器は、「健康」に関わるものであり、中古で安価に入手できそうな場合であっても、「新品」を入手したほうが安全です。

《参考》うっかり出品にご注意！禁止出品物にあたる身近な【医療機器】を知ろう | メルカリびより【公式サイト】
https://jp-news.mercari.com/articles/2019/03/11/item-rule-medical/

11 電動キックボード

「電動キックボード」は、自転車よりも小型なボディで、速度は25km/hぐらいまで加速でき、しかも充電によって使用できるなど、映画や小説に登場する“未来の乗り物”のようで、興味がそそられます。

「電動キックボード」の将来性と危険性

「電動キックボード」は、若者を中心に、非常に期待されている「乗り物」ですが、「安全性に関する問題」も多数生まれていて、ネットでは否定的な意見も目立っています。

*

当初は、「原付免許」が必要とされていた「電動キックボード」ですが、2023年7月からの法律の施行によって、「免許が不要」な「自転車」のような形で運用が始まっています。

*

ここでは、「電動キックボード」の危険性や今後について考えてみたいと思います。

「電動キックボード」とは？

現在の形の「電動キックボード」のブームは、2017年にカリフォルニアで設立されたBird Rides社が始めた、「BIRD」というシェアサービスから始まっているとされています。

「電動キックボード」のシェアサービスは、必要な時だけ借りることができ、自由に乗り降りできる気軽な移動手段として、海外では注目されていたようです。

自転車の「シェアサイクル」と似ていますが、海外では、「電動キックボード」がそれらをすぐに追い抜いたようです。

国内での「電動キックボード」は、当初は「原動機付自転車」、つまり「原付」として扱われていました。

一般的な「原付」と同じく、「免許」が必要なことと、「自賠責保険」への加入義務があり、「ヘルメットの装着」も必要になります。

また、車体も「ミラー」や「方向指示器」などの「保安部品」を装備している必要がありました。

2023年7月からは「規制緩和」が実施され、「特定小型原動機付自転車」として、16歳以上であれば免許がない状態でも運転できるようになりました。

図11-1　電動キックボード

特定小型原動機付自転車

令和5年(2023年)7月1日以降は、「改正道路交通法」の一部施行によって、「電動キックボード」は「原動機付自転車」の中で、3つの区分に分割されるようになりました。

表11-1　電動キックボードの区分

区　分	速　度	最高速度表示灯	免　許
一般	法定速度30km/h	なし	必要
特定小型	最高速度20km/h以下	緑色点灯	不要
特例特定小型	最高速度6km/h以下	緑色点滅	不要

従来の「電動キックボード」は、これまでどおりに区分では「一般」となり、「原動機付自転車」として使えますが、次のすべての条件を満たすものは、「特定小型原動機付自転車」として免許がない状態でも運転できるようになります。

- 車体の大きさは、長さ190センチメートル以下、幅60センチメートル以下
- 定格出力が0.60キロワット以下の電動機を使用
- 速度は時速20キロメートル以下に制御されている
- 走行中に最高速度の設定を変更できないように制限されている
- AT(自動変速)機構である
- 最高速度表示灯が備えられている
- 道路運送車両法上の保安基準に適合している
- ナンバープレート(標識)を取り付けている

また、運転者は16歳以上であって、「自賠責(自動車損害賠償責任保険、共済)の契約」をしている必要があります。

「特例特定小型原動機付自転車」は、「特定小型原動機付自転車」の条件を満たし、次の条件を追加で満たし、なおかつ他の車両を牽引していないものになります。

・最高速度表示灯を点滅させる
・時速6キロメートル以下に制限させる
・サイドカー(側車)を付けていない
・ブレーキが走行中に容易に操作できる位置にある
・鋭い突出部がない

「特例特定小型原動機付自転車」は、「普通自転車等及び歩行者等専用」などの道路標識がある場合に、自転車と同じように、「歩道の通行」が可能になります。

なお、これらは基本的に一般の原付と同じく交通ルールを守る必要があり、違反した場合には罰則があります。

《参考》特定小型原動機付自転車(電動キックボード等)に関する交通ルール等について 警視庁
https://www.keishicho.metro.tokyo.lg.jp/kotsu/jikoboshi/electric_mobility/electric_kickboard.html

《参考》特定小型原動機付自転車(いわゆる電動キックボード等)に関する交通ルール等について｜警察庁Webサイト
https://www.npa.go.jp/bureau/traffic/anzen/tokuteikogata.html

「自転車」と共通の危険性

「自転車」は、日本国内では原則として「車道」を走ることになっていますが、特定の標識がある場合には歩道の走行も可能になります。

しかし、中には速度を落とさないで歩道を走行する電動自転車など、無謀な運転をする自転車もあり、問題になっていました。

「電動キックボード」は、自転車とは異なりフレームが大きいわけではありませんが、歩道をそれなりの速度で走行する可能性があり、自転車と同様に、事故の危険性はあります。

また、走行中にはモードが切り替えられないことから、本来は歩道が走れないモードでの走行も考えられます。

とはいえ、車道を走れば安全かと言えばそうでもなく、車やバイクなどと比べても速度が充分ではないですし、生身に近い状態で運転しているという点で、異なる部分での危険性があると言えます。

図11-2　スピードを出したまま歩道を走ることも…

「電動キックボード」の形からくる問題

「電動キックボード」は、「キックボード」と同じ形であり、車輪が非常に小さくなっています。

「キックボード」の形はコンパクトで、可搬性に優れていますが、モータが搭載されて速度が出る、また公道やコンクリート上を走ることができるようになったことで、問題となる部分が出てきました。

たとえば、キックボードの車輪は、「少しの段差」を超えられません。
これは、道路上によくある「縁石」に乗り上げたときに、バランスを取ることができずに転倒し、頭部を損傷するなどのケガや事故につながる可能性もあります。

*

2022年9月に東京都中央区で発生した「電動キックボード」の死亡事故は、「縁石」と同じような、「小さな段差」と思われるものが原因で発生しています。

「駐車場内」で方向を転換する際に、「車止め」に衝突して転倒。頭を強打したと報告されています。

*

他にも、「電動キックボード」の車輪の小ささは、横方向に不安定になることがあるようです。これは、「電動キックボード」の速度を出しても自転車のようには安定せず、転倒してしまうことがあるようです。

また、「自転車」や「バイク」などの二輪車は、どれもブレーキの掛け方によって前のめりになることがありますが、「電動キックボード」はバランスが取りづらく、前面に投げ出されることもあるようです。

*

このように、自転車よりも転倒するリスクが高く、注意が必要な乗り物だと認識しておきましょう。

《参考》ヘルメットなしでの運転は極めて危険！ 電動キックボードの衝突実験 | JAF
https://jaf.or.jp/common/news/2023/20230714-001

規制を強化したシンガポール

ジェトロのビジネス短信では、「電動スクーター、歩道での利用を禁止、禁錮刑も」という見出しで、シンガポール陸運庁(LTA)が2019年11月5日から「電動スクーター[※1]」(eスクーター)を、すべての歩道で走行禁止にすることを発表した、と伝えています。

ここで言う「電動スクーター」は、「電動キックボード」などを含む移動手段のことで、歩道での走行を禁止した理由としては、「電動スクーター」などでの事故や違反が多発し、死亡事故なども発生していたため、安全対策の見直しを行ない、歩道での利用禁止を決めたようです。

この規制により、「電動スクーター」が利用できるのは、サイクリング路、公園緑地をつなぐ緑道、自転車歩行者専用道に限られたようです。

「電動スクーター」のシェアリングビジネスが停止されることや、フードデリバリーサービスに影響があることも伝えられています。

シンガポールでは、このニュースの後にも「電動スクーター」の規制が強化され、「車両登録」、「2年ごとの車検」、「理論試験証明書」が必要になったようです。

※1：電動スクーター、歩道での利用を禁止、禁錮刑も（シンガポール）| ビジネス短信 ―ジェトロの海外ニュース - ジェトロ
https://www.jetro.go.jp/biznews/2019/11/8905f20153a9f076.html

なぜ「電動キックボード」が必要なのか？

「電動キックボード」は、その危険性が伝えられている一方で、国内では規制緩和の方向に進みました。

「電動キックボード」を普及させたい理由の1つとして、「高齢者」の新たな移動手段の必要性というものがありました。

確かに、高齢になって体力に衰えている場合でも、日々の生活のために買い物に行く必要はあります。

現状では、「自動車」を利用している高齢者も多いわけですが、高齢者による車の事故は問題になるように増えているので、何らかの代替となるような移動手段は必要かもしれません。

しかし、高齢者向けには、すでに「電動カート」や「電動歩行器」などもあるので、「電動キックボード」だけが唯一のものではないという点と、現状の「電動キックボード」は安定性が悪く、サドルもないため、そもそも高齢者の移動手段としては難しいのではないでしょうか。

「特定小型原付」の将来性

「特定小型原付」は「電動キックボード」だけのものではなく、スクーターに近い形の、自転車型の「特定小型原付」も発表されているようです。

「特定小型原動機付自転車」は、「電動キックボード」だけのためのものではなく、自転車型も作れるレギュレーションになっていました。

同じ「特定小型原付」でも、「電動キックボード」よりも「自転車型」のほうが「自転車」として使えるので、使用者が増えるかもしれません。

＊

「原付」に免許があったように、速度が出る二輪車は、どのような形であっても事故が発生する可能性があり、また、どのような気軽な移動手段であっても、それが乗り物である限り、交通ルールは守る必要があります。

報道やネットでは、ルールを故意に守らない一部の人間の行動が目立ちますが、新しい移動手段になりうる技術が現れた現在、一人ひとりが安全のことを考え、どのようにするのがベストかを考える必要があるように感じます。

12 電化製品の注意点

ここでは、なかなか目に見えてこない部分、「一般的な電化製品」の注意点などについて、触れてみます。

長期的に使う「暖房器具」はとくに注意を

“冬”になると、「暖房」を使うことが多くなります。

「暖房器具」もさまざまですが、一般的には、「火」や「熱」を利用するため、何らかの不具合で火災の原因になることもあります。

*

とくに、「石油ファンヒーター」のような「火」を扱う製品は、「冬の期間」だけ利用し、長年にわたって長期的に使われることがあります。

図12-1 「火」や「熱」を使う家電製品には、細心の注意を払う

《注意点》

・古い製品をいつまでも使わない
・リコール情報の確認すること

■「古い家電」の問題点

電化製品を大切に扱い、長期間使うことは、とても素晴らしいことです。

しかし、どんな電化製品でも、長期的に利用するためには「保守」(メンテナンス)が必要になります。

＊

昔の家電製品を20年や30年と、長く使っている方もいるでしょう。
古い電化製品は単純な機構のものが多く、故障を検出する機能もないので、「たまたま動いている」という状態の可能性もあります。

近年は、「製造物責任法」(PL法)の認知も進み、製造者責任を問うような傾向が強くなっているため、故障を検出するような、「安全寄り」の対策が追加されていて、故障を発見することで、動かなくなることになりやすいとも言えます。

＊

そう考えると、「古い電化製品」は「安全対策」としては不充分で、たとえ動いていたとしても、それが安全かどうかは別問題になります。

たとえば、扇風機が長期間の使用により、モータ巻線の絶縁性能が低下し、ショートして出火する事故※1も発生しているようです。

思い入れがある電化製品などは、長く使いたくなるのが心情ですが、ユーザー自身がケガのリスクを背負うことになるので、充分に注意して利用してください。

ある程度年数が経った家電製品は、入れ替え(交換)も検討するべきです。

※1　：https://www.nite.go.jp/jiko/chuikanki/press/2020fy/prs200625.html

■「リコール情報」には目を光らせて

「リコール情報」を取り扱うサイト※1を、「消費者庁」が公開しています。

このサイトには多くの製品が登録されていて、このサイトを見て初めて知る不具合情報なども多く、そう考えると、「リコール情報」を自然に目にする(耳にする)機会というのは、そう多くないことが分かります。

*

また、リコール情報に関してですが、電化製品に「ユーザー登録」する人も少ないため、電化製品のリコールが発生しても、ユーザーに伝えるのが難しいようです。

大きなリコール告知をしている製品であっても、回収が100%にはならず、常にサイト上で告知をしているものも見受けられます。

古い電化製品は、本人は持っていなくても、家族や親戚が持っているかもしれません。また、リサイクルショップで買った電化製品などは、不具合やリコールについて、調べてから選ぶ人はいないでしょう。

身の回りに古い電化製品があったら、一度「リコール情報サイト」などで調べてみるといいかもしれません。

※1:リコール情報サイトトップページ|消費者庁
https://www.recall.caa.go.jp/

■「ユーザー登録」は必要

「リコール情報」のサイトを見ていると、本当に多くの製品が回収されていることが分かります。

「リコール情報」を知る手段というのは、基本的にはニュースを見るぐらいしかないと思われますが、大きな不具合であれば、「ユーザー登録」による通知があるかもしれません。

「ユーザー登録」をしておくと、製品の不具合や、サポートのお知らせが届くことがあります。

また、製品によっては、ユーザー登録に特典を付けているものもあります。
たとえば、製品の「保証」を延長するようなものです。

インターネットで簡単に「ユーザー登録」できるようになってきているので、一度調べてみることをおすすめします。

「電源コード」に注意

「電源コード」と「電源プラグ」は、電化製品の要の部分ですが、常時使用している家電のプラグは、あまり注意して見ていないかもしれません。

図12-2 「電源コード」や「プラグ」は劣化する

■接続部のホコリや水分

「コンセント」と「プラグ」の間などに、ホコリや水分が付着すると、「トラッキング現象」が発生し、発火することがあります。

また、「コードを変形させる」「きつく曲げる」などして使うと、内部の電気を伝える導体の一部が切れて、発熱や、発火することがあります(導体は一般的には銅線になっています)。

図12-3　コンセントに溜まったホコリから火事になるケースも

■電源タップの寿命

「電源タップ」は、５年程度が寿命とされていて、コードや接点など、見えない部分で劣化が起きている可能性があるので、壊れていなくても交換することが推奨されています。

また、電源をオンにしたときの「突入電流」が大きいエアコンなどの機器は、「電源タップ」が許容電力の範囲内だったとしても、使えない場合があります。

取扱説明書に、「電源タップは使用できません」と記載がある電化製品も、当然使うことはできません。

■「電源タップ」と「消費電力」

「電源タップ」の使用時は、接続されているすべての電気製品の「消費電力」の合計が、「電源タップ」の「許容電力」を超えないようにします。

*

「消費電力」の記載がなく「入力電流」の表記がある場合は、「消費電力」への計算は、**「消費電力(W) = 入力電流(A)×電圧(100V)」**になります。

ただし、電流は「100V」の入力時の電流です。

たとえば、USBアダプタが「5V」時に「2.4A」を出力するものでも、「100V」では「0.9A」を入力と表記がある場合は、「100V×0.9A＝90W」とします。

3口の電源タップの最大消費電力が「1500W」の場合、「400W」の電気製品を3つ接続することができます(400W×3=1200Wで1500W未満になる)。

また、「電源タップ」を「許容電力」の最大値に近い値で常用するのは危険なので、**「許容電力」の8割程度(1500Wの場合、1200W)と、余裕をもった接続**にしましょう。

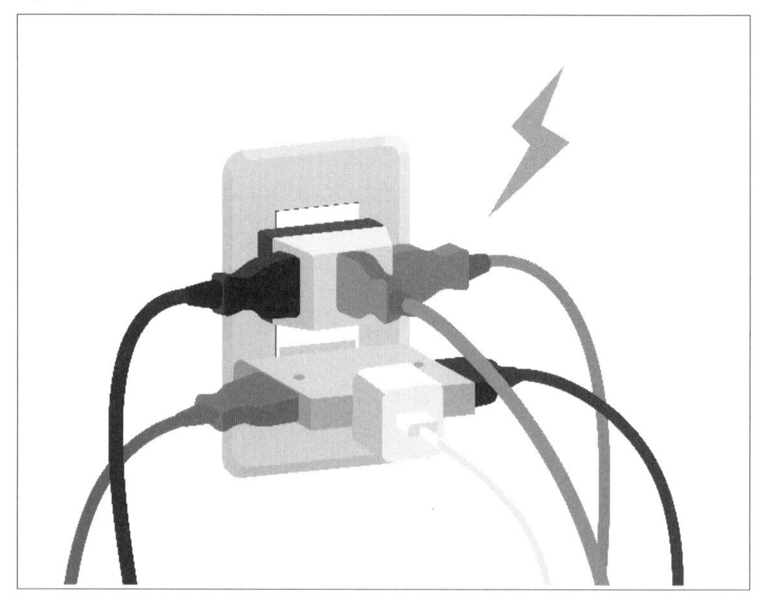

図12-4　過剰な「タコ足」で、許容電力を超えることも

電気火災の消火

一般的な電化製品による火災時には、次のような手順をとります。

[1]「ブレーカー」を切断する
[2]「消火器」で消火する
[3]「119番」に通報する

まず、電気を停止させるために、「ブレーカー」を落とします(切断)します。「プラグ」を抜くことが、安全かどうか、判断が難しい場合があるためです。

図12-5　コンセントから電源コードを引き抜く前にブレーカーを落とす

*

次に、「消火器」を利用して消火します。

電気火災の場合、感電の可能性があるため、原則として「水」を使うことはできませんが、「ブレーカー」を落とした場合、かつ、「消火器」がない場合は、「水」で消火します。

*

最後に、消火できた場合であっても、「119番」に通報します。安全確認などがあるためです。

「消火器」は、「電気火災」に対応しているものを使う必要があります。

家庭用消火器では、「青い稲妻の印」があるものが「電気火災」に対応しています。

ABC消火器で「電気火災」を示しているのは「C」になります。ABCは、「A」は「普通火災」、「B」は「油」、「C」は「電気」に対応しているという意味です。

「電源タップ」の固定に注意

「電源タップ」(延長コード)は、そのままにしておくと邪魔になるので、固定したいと考えることもあります。しかし、取り扱いには注意が必要です。

「電源タップ」を固定することは「違法」であるという記述をネットで見かけることがあります。

「電源タップ」の「コード」を固定してしまうと、それは「屋内配線」の工事に相当します。
屋内配線の工事は、「電気工事士」の資格が必要になり、資格のない人が工事をすることは、“違法”になります。

＊

電源タップは消費者が設置できるものですが、固定ができないかというとそうではなく、「仮固定」という、いつでも外すことができる形での「固定」は、許される範囲として考えられているようです。

「仮固定」とは、次のような状態のものになります。

・「電源タップ」本体は、「マグネット」や「両面テープ」、タップの裏面にある溝などに、ネジや釘を引っ掛ける形で仮固定する。
・「電源コード」は、コードホルダー(金属製でないもの)で押さえる。

また、仮固定を行なう場合に注意したいのは、「コードそのものを傷つけないようにする」ということです。

コードを傷つけてしまい断線する、または極端に曲げた状態で使うと、発熱や発火の原因になります。

仮固定では、次のことに注意します。

- ・釘やステップルなどでコードを固定しない。
- ・コードを束ねたままで使わない。
- ・コードを「ドア」や「家具」で挟まらないようにする
- ・コードを足で踏まないようにする

「電源周波数」の違い

日本国内の一般家庭に供給されている電気は、全国どの場所でも「交流」(AC)が供給されていて、一般的なコンセントから得られる電圧はおよそ「100V」ですが、「電源周波数」と呼ばれるものは「地域」によって異なります。

*

「境界線」は、静岡県の「富士川」と新潟県の「糸魚川」付近で、それより東側が「50Hz」、西側が「60Hz」になっています(また、一部は混在している地域もある)。

*

「電源周波数」は、電圧の「+」(プラス)と「−」(マイナス)の山を「1サイクル」として、一秒間に何回繰り返すかを数値化したものです。

*

「電源周波数」が地域によって異なる理由は、輸入された発電機が異なったためで、明治の後半に「東京」では「ドイツ製」の「50Hz」発電機が、「大阪」では「アメリカ製」の「60Hz」発電機が輸入され、現在でも統一されていないために、このような状態になっています。

*

現在でも、コンセントに差し込むタイプの家電製品の「取扱説明書」には、「電源周波数」に関する記載か、「50Hz/60Hz」のような表記があると思います。

表12-1　家電製品を「50Hz/60Hz」それぞれで使用した場合

製品の種類	使用可能
テレビ、パソコンなど	そのまま使用可能
扇風機、ヘアドライヤー、掃除機、食品ミキサーなど	性能が変わる
洗濯機、タイマー、電気時計、電子レンジ、乾燥機、ステレオなど	そのままでは使用不可な場合がある

具体的には、製品によって異なるので、使用する製品の取扱説明書を参照してください。

*

「電源周波数」の違いを比較すると、「60Hz」のほうが、効率が良いとされています。

その反面、「60Hz」のほうが、消費電力は増える傾向にあるようです。

*

一般的には、「ACアダプタ」を使っているものは、「半導体素子」(スイッチング方式)や「トランス」を利用して、「交流電圧」(AC)から「直流電圧」(DC)に変換した電力を使っているので、どちらでも使用可能です。

「ACアダプタ」は、スイッチング方式のものでは、「200V」のような大きく異なる電圧に対応しているなど、海外で変換プラグを使うだけで、そのまま利用できるような場合もあります。

「交流電源」を直接使っていても、モータだけで構成されているような単純な機器の場合、モータの回転数など性能が変わるだけで、使用可能なものもあります。

「電源周波数」を使い、何らかの制御をしているものは、そのままでは使えなくなります。

「50Hz」向けとして作られたモータ製品を「60Hz」の地域で使うと、「1.2倍」(=60/50)の回転速度になります。

*

具体的には、テープレコーダなどステレオの場合で、交流電圧の影響をそのまま受けた場合、「1.2倍速」で再生される可能性もあります。

もっとも、電源周波数はおおよそのものであって、高い精度が必要なものや、時計の基準信号には向いていないと言えます。

*

「電源周波数」が異なることで問題になるのは、「電力の融通」です。境界線の西と東をまたいで送電するには、「周波数変換設備」(FC)を利用する必要があります。

「中部エリア」と「東京エリア」の間に、「佐久間FC」「東清水FC」「新信濃FC」があり、そのうち「新信濃FC」が「飛騨信濃FC」として増強され、合計210万kWの電力融通ができるようになり、通常時の予備能力と、夏季の需要や災害時の電力融通への対策の一部となっています。

*

大きな電力を使う乗り物と言えば「電車」ですが、その中でも「東海道新幹線」は、「50Hz」と「60Hz」の地域を、乗客が意識することはないと思います。

「東海道新幹線」はどのようにしているかというと、電源周波数を「60Hz」に統一しています。

富士川より東の地域は、地域の電力会社からの電力を「周波数変換装置(FC)」を利用して、「60Hz」に変換しています。

*

現在は「パワー半導体」や「制御技術」による静止型への置き換えが計画されていて、2037年度末には、すべてが静止型に置き換わる予定です。

《参考》周波数が変わると電気製品が使えない？｜でんきガイド｜東京電力エナジーパートナー
https://www.tepco.co.jp/ep/private/guide/detail/shuhasu.html

「バッテリー交換」と「メーカー修理」

「スマートフォン」「携帯ゲーム機」「ノートパソコン」のバッテリーは、ある時期の製品からユーザーが交換できないくようになっていて、多くの製品ではバッテリー交換は、メーカーに修理依頼します。

*

「iPhone」は、当初からユーザーがバッテリー交換できなく、メーカー修理でしたが、最近では「Apple Store」を含めた「正規サービスプロバイダ」などが、バッテリー交換サービスを行なっています。

*

iPhoneの修理で気をつけたいのは、(a) 正規サービスプロバイダと、(b) そうではない業者があって、後者を利用した場合は、交換の品質が不明な点と、後々の製品保証の問題になることがあります。

*

「正規サービスプロバイダ」は、予約が必要なものの、即日交換ができる場合があり、インフラとして普及したスマホが使えなくなる時間を短くできる、現代にとって必要なサービスかもしれません。

図12-6　iPhoneのバッテリー交換サービスは充実

*

「Android」はどうでしょうか。メーカーが複数あり、「用意する部品」や「修理方法」も共通化はされていないので、「メーカー修理」として数日間預けて、バッテリー交換する必要があります。

*

端末が使えなくなる数日の間、キャリアの修理サービスの場合は、代替機を借りることもできますが、「おサイフケータイ」のような「スマホ本体と連携したサービス」を使用していた場合、簡単に変更することができないので、不便です。

このような形で、「修理預かりのバッテリー交換しかない機器」はマイナス要素になりますが、一方で、スマートフォンのように次々と新しい機種が出る場合、2年ぐらいで新機種に交換するような考え方もできます。

その場合は、「バッテリーの持ち」が気になる前に新品を購入することになり、バッテリーを考慮しなくてもいいかもしれません。

しかし、新品を購入するにしても、現在のスマートフォンの「本体価格」は高くなっていて、ハイエンドの製品では10万を超えるものもあり、気軽に新機種を購入できるものではなくなっています。

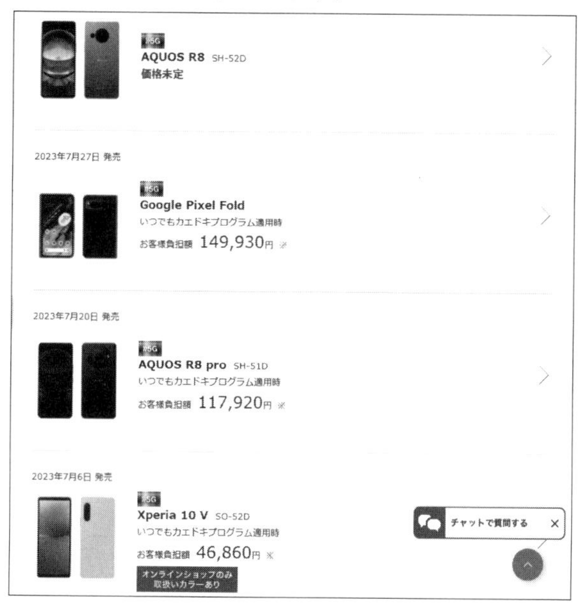

図12-7　返却が必要なプランを適用しても10万円を超えている

ユーザーによる「バッテリー交換」の「リスク」

製品が高くて修理に出す時間を考えると、「ユーザー自身によるバッテリー交換」を考えてしまうことはあるかもしれません。

実際に、通販サイトでは「大手メーカーのブランドスマホ用」の「バッテリーセル」が単品で販売されています。

しかし、「ユーザーがバッテリーを交換した場合」は、次のような問題があります。

・作業に失敗してバッテリーや機器を破損するリスクがある
・交換後のバッテリーの破棄が難しい
・互換バッテリーの品質が悪いと発火する可能性がある

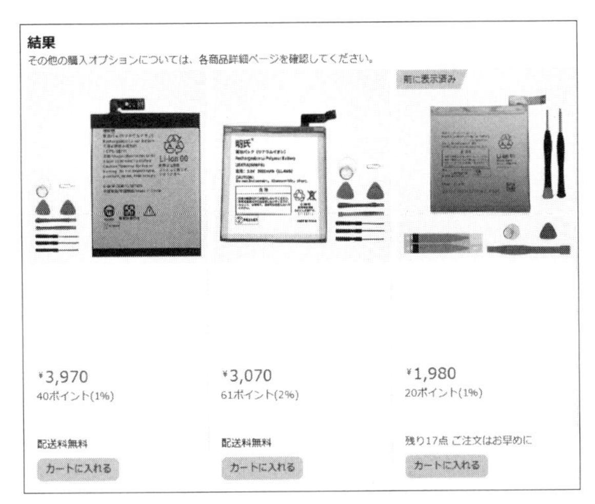

図12-8 通販サイトでスマートフォンのバッテリーセルを販売している様子

＊

スマートフォンを例に考えると、現在では、そもそもユーザーがバッテリーを取り外せる機構になっていないので、バッテリーやその他の部品を傷つけてしまうリスクや破損してしまうリスクがあります。

バッテリーが取り外しにくいのは、バッテリーの大容量化に加えて、デザイン性や防水性なども影響しているので、現在の機種では多くがそうなっていると思われます。

交換後の「バッテリーの破棄」に関しては、非常に難しいところで、「ゴミ扱い」になるので、自治体によります。「場合によっては、破棄できない」こともあります。

＊

「小型家電リサイクル」では、バッテリーを搭載している製品を、「製品のまま」で破棄することを前提としているので、バッテリーセルそのものは受け付けていません。

また、「互換バッテリー」の品質に関しては、品質が低いものから、ある程度の基準は満たしている高いものがあり、見分けがつかないというリスクがあります。

*

「発火する可能性」に関しては、化学反応による結果であって、「製造時の不純物」や「バッテリーの設計による」ので、「正規品」であっても起こる場合は起こります。

「互換バッテリー」の場合は、価格からして、コストダウンが行なわれているので、「不純物の管理」が行き届いていなかったり、バッテリーに使われる部品を安価なものにしている可能性があります。

また、バッテリー取り外しや取り付けの作業時の作業が難しく、バッテリーを傷つけてしまうこともあります。その場合は「互換バッテリー」の品質に問題がなかったとしても、「発熱」や「発火」が起きてしまう可能性があります。

*

結局のところ、修理料金を安くすませようとした結果、思わぬ代償を払わされるかもしれません。

このような状況の一部は、「EUの新しい規則」によって、少し変わるかもしれません。

バッテリー交換を容易にする新しい規則が承認されたためです。

求められる「バッテリー交換」の容易性

「欧州議会」は、2023年6月に、「電池と廃電池に関するEU規則を全面的に見直す」という法律の合意を支持しています。

これは、次のことに対して影響が出るようです。

*

- 廃棄物の収集、リサイクル効率、材料回収に対するより厳しい目標
- 持続可能性、性能、ラベル表示の要件が厳格化
- 社会的および環境的リスクに対処するためのデューデリジェンスポリシー[※1]
- 家電製品のポータブルバッテリーの交換が容易になる

※1 「デューデリジェンス」は適正な努力で、この場合、リスクを調査やモニタリングをすること。

消費者にとって大きいのは、「家電製品のポータブルバッテリーの交換が容易になる」ということです。

2024年から順次適用されていくということで、スマホや携帯ゲーム機も、この法律の規制内容に従った設計になっていくと考えられます。

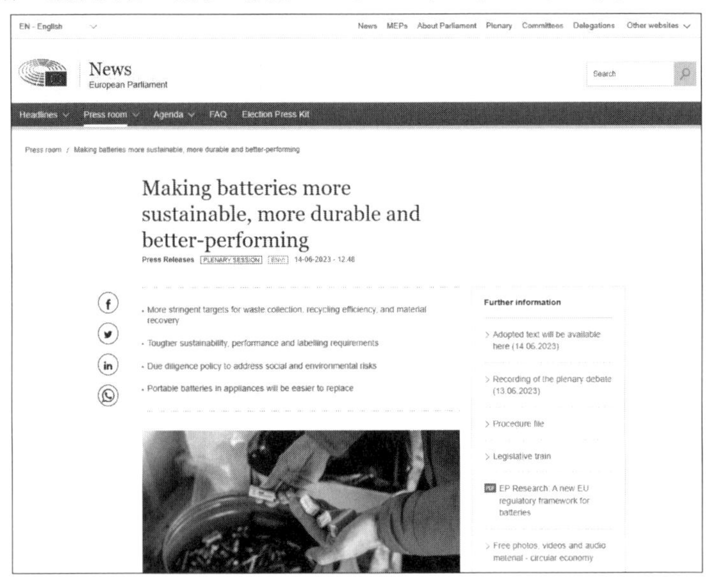

図12-9 欧州議会のプレス

《参考》欧州議会のプレスリリース
https://www.europarl.europa.eu/news/en/press-room/20230609IPR96210/making-batteries-more-sustainable-more-durable-and-better-performing

「USB充電器」の種類

「USB充電器」にはいくつかの種類があり、最近では「USB PD」という規格が主流になりつつあります。

*

「USB PD」は、供給する電圧を高くすることで、「急速充電」ができる仕組みになっています。

「USB PD」に対応した「Type-C充電器」は、「電圧が接続されるものによって変化する」仕組みがあります。

従来の「USB充電器」と異なるところは、接続される機器と交渉(ネゴシエーション)を行なって、供給する電圧を決定する仕組みになっているところです。

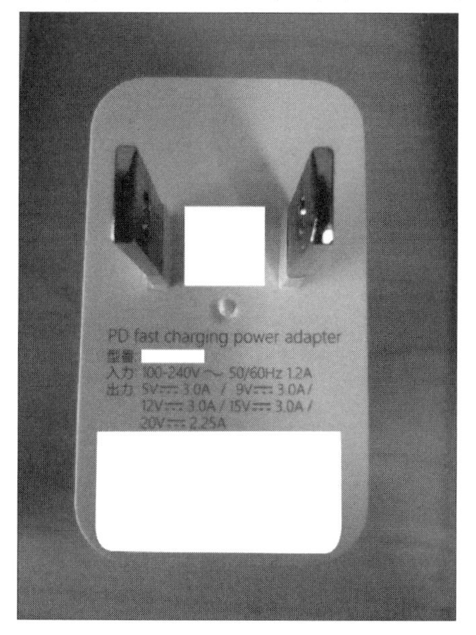

図12-10 USB PD充電器、12Vなどの電圧で出力される

そのため、「ケーブル」や「変換コネクタ」を準備したとしても、接続される機器によってはネゴシエーションをしないため、電源供給や充電が開始されないことがあります。

*

また、「USB PD」の充電で注意するところは、「対応する電圧と電流のペアがない場合」には、「低速」で充電されることがあるということです。

ここには、「充電器が対応する電圧と電流」と「接続する機器が対応する電圧と電流」のそれぞれがあります。

機器によっては、「9V・3A」では受けられないが、「5V・3A」と「12V・3A」では受けられる、という挙動になる場合があります。

このような場合で、充電器が「5V・3Aと9V・3Aにしか対応していない」という場合は、「5V・3A=15W」での電圧供給になります。

*

この場合、もし、「12V・3A」が受けられた場合は、「36W」(=12*3)になります。

「5V・3A」で接続されている場合は、「15W」になっているため、実質的には「12V」に比べて低速な充電になってしまうことがあり、電力供給量が少ないとして、充電できずに動作中にはバッテリーを消費してしまうことがあります。

*

もう一つ、「USB充電器」で注意しなければならないのは、機器とセットになっている「規格外の充電器」で、出力が「5V以外の電圧」になっていて、「USB PD」のような「ネゴシエーション」を行なわない充電器です。

このような充電器は単体では販売されていないと思いますが、製品とセットになっている充電器の中には稀に存在しているようです。

このような充電器は「USB充電器」ではないのですが、「出力するプラグ」が「USBコネクタを採用している」こともあり、一見するとUSB充電器のように見えて、他の機器に接続してしまうことがあるかもしれません。

想定よりも高い電圧が供給された場合、接続したデバイスを破壊してしまう可能性があります。

このようなアダプタや、このアダプタを使わないと充電できない機器は、USBでコネクタを共通化する利便性から離れていて、あまり望ましいものではないと言えます。

USB充電とマルウェア

「町中で見かけるUSB充電ポートが危険」という警告のツイート※1をFBIデンバー支局が行なっているということで話題になりました。

※1　https://twitter.com/FBIDenver/status/1643947117650538498

内容としては、「空港」「ホテル」「ショッピングセンター」にあるような、無料の充電設備の使用は避けるように、という内容です。

理由として、「公共のUSBポート」から「マルウェア」や「監視ソフトウェア」をデバイスに導入する方法が発見されているため、としています。

対策方法としては、「自分の充電器」と「USBコード」を持ち歩き、コンセントを利用するようにということでした。

図12-11　マルウェアを警告するツイート

USB接続を充電用途して使うことは増えていて、「USB PD」の影響によって、スマホだけでなく「PC」でも、「USB充電」が可能になっています。

これは、循環型社会を目指す上で、機種を変更するごとに増えていく、「無駄なアダプタを削減する」という意味では重要なことで、ケーブルさえあれば充電できるという状況は理想的です。

＊

その一方で、USBケーブルでの接続が、「データ通信」にも使える接続となりうるのは、脅威になります。

初期の頃と比べると対策は進んでいて、比較的新しいスマホのOSではUSB接続時に「ダイアログ」や「メッセージ」を表示するようになりつつあります。

データ通信を行なう場合は、「USB充電のみを行なう」モードで接続されたり、事前に何らかの表示が画面に出力されるようになっています。

それでも、スマホの脆弱性を突くような攻撃が行なわれることは考えられます。

また、不意にデータ通信を許可してしまうこともあるので、普段使っているコンセント接続の充電を持ち歩いたほうが安全かもしれません。

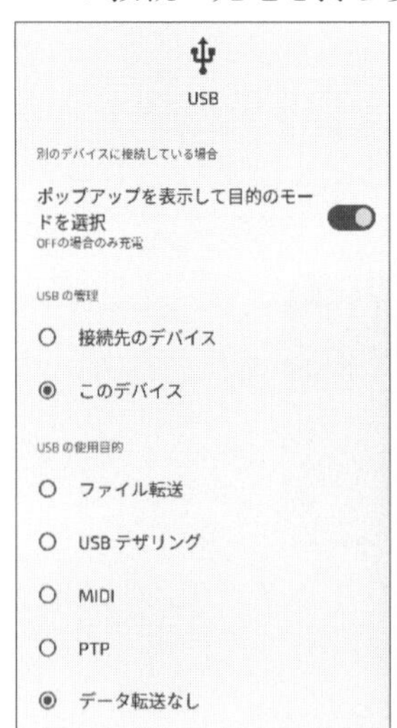

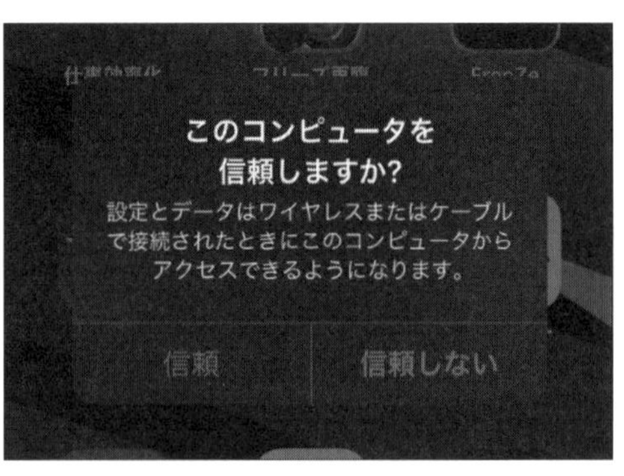

図12-12　データ通信が可能なUSBに接続した場合のスマホ側の画面(左)
「iOS」で「PC」とUSB接続した場合の画面(右)

「ベゼルレス」に注意

現在の「液晶テレビ」のラインナップは、「ベゼルレス」またはそれに近いものが増えているようです。「ベゼル」とは「枠」のことで、「ベゼルレス」とは「枠がない」という意味です。

*

実際には、「ベゼルレス」といっても、「小さな枠」はありますが、「枠の部分が狭い」という状態のことで、「狭額縁化」などという言葉があるようです。

「ベゼルレス」のメリットは、「本体のサイズに対して画面のサイズがギリギリまで大きくできる」ということ。

同じ画面サイズであれば省スペース化が期待でき、また、同じ本体サイズであれば大画面化が期待でき、デザイン性にも優れています。

*

「ベゼルレス」はメリットが大きいですが、配置に対しては注意しなければならないようです。

図12-13　ベゼルレステレビは増えている

ディスプレイメーカーの「EIZO」は、「天吊り」や「壁掛け」など「下向きで設置しているユーザー」に、Webページ[※1]で点検のお願いをしています。

この「注意喚起」では、「壁掛け」「天吊り」、「アーム配置」で、上部がせり出す形で斜めに配置されている場合に、「モニタの表面パネルが剥離してしまう事例」が確認されたということです。

また、「剥離した表面パネルを戻して使った場合、表面のパネルと配線部分が破断して、パネルが落下する可能性がある」ようです。

これらの対象となる製品は、ユーザーが点検を行ない、問題があれば修理するということと、「剥がれを防止するためのガイド」を配布するということでした。

このページでは、表面のパネルが剥がれる要因についても書かれています。

*

この対象となる製品の表面パネルはバックライトユニットが両面テープで固定されているようで、この両面テープが劣化した場合に剥がれてしまうようです。

EIZO社製に限らず、多くのベゼルレスな「液晶テレビ」や「液晶モニタ」は、同じような仕組みになっていることが想像されます。

*

ベゼルレスな「液晶テレビ」や「液晶モニタ」を吊り下げたりモニターアームを使う場合や、吊り下げる場合は、取扱説明書に禁止事項として書かれていないか、また、過去に落下したりする事例がないかなどを確認したほうがいいかもしれません。

また、事例の有無に関わらず、垂直ではなくなるような配置にする場合は、充分に注意して設置することをお勧めします。

※1　フレームレス液晶モニタを天吊り/壁掛けなど下向き設置でご利用のお客様へ ご使用状態の点検のお願い | EIZO(株)
https://www.eizo.co.jp/support/important/202108/

「耐荷重制限」に注意

「椅子」や「台」、「乗り物」のような、人が乗るものには、「耐荷重制限」があります。

＊

「耐荷重制限」が「大きい」場合は、頑丈な作りですが、フレームの「重さ」や「大きさ」にもつながります。

逆に、「コンパクト」や「スリム」なものは、「耐荷重制限」が小さくなっていきます。

＊

「耐荷重制限」が大きいほうが多くの人が使えるものになりますが、製品の「デザイン性」や「可搬性」に関わる部分でもあるので、「耐荷重」が大きければ良いと言うわけではありません。

このような制限は、使用する人が意識しておかなければ、ケガや事故につながるので、購入を検討する場合は、カタログをじっくり見ておくといいでしょう。

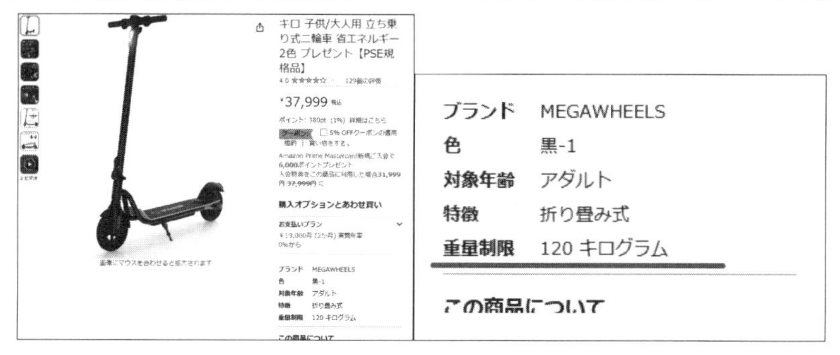

図12-14　電動キックボードと耐荷重制限の例

仕様説明

【マッサージチェア】
●サイズ（約）／通常時：幅70×奥103×高112cm、リクライニング時〈肩幅最大時〉（約）：幅79×奥194×高83cm●適応サイズ／身長：約150～185cm●重さ（約）／78kg●耐荷重（約）／100kg●表面張り地／PVCレザー●カラー／ブラック●販売名／マッサージチェア MT58●電源／家庭用電源100V（50/60Hz）●定格消費電力／106W●1か月の電気代（約）／43円（1日30分マッサージのみを使用した場合）※電気料金目安単価27円/kWh（税込）で算出。（2021年4月 メーカー調べ）●保証期間／1年●生産国／中国

図12-15　マッサージチェアの耐荷重制限の例

「延長コード」を“束ねない”理由

多くのサイトなどで、「延長コードは、束ねて使用してはいけません」と書かれているのを目にします。

これは、最悪の場合、束ねたコードが発火することがあるからということです。

しかし、どのような条件で発火に至るのかは、あまり明確にはなっていないようです。

＊

たとえば、「ケーブルを束ねる」ときに、内部の導線を傷つけてしまう可能性などは想像できます。

キツく曲げてしまう場合は、たしかに傷つく可能性があります。

ただ、販売時には、ゆるく束ねられている場合が、ほとんどではないでしょうか。

「NITEのページ[※1]にある動画」でも、「消費電力」が「定格電力」を超える形で使用するという動画になっていて、消費電力オーバーという別の問題と重なっているようにも見えます。

> ※1　テーブルタップ・延長コード「3.束ねたコードの発火2」| 製品安全 | 製品評価技術基盤機構
> https://www.nite.go.jp/jiko/chuikanki/poster/kaden/18012501.html

図12-16　延長コードを束ねることが危険であるというページ

＊

少し範囲を広げて、同じ電線として考えてみると、少し違う部分が見えてきます。

たとえば、「電工ドラム」です。

「電工ドラム」（別の呼称で「コードリール」）は、電気工事などで使用する道具で、電動工具を壁コンセントから離れた場所で使えるようになります。
「延長コード」とは異なる形状をしています。

コンセント部分が浮いていて、ホコリが防げる機能や、漏電遮断機能などがある場合もありますが、基本的には普通の延長コードと同じです。

＊

この「電工ドラム」でも発火事故は発生していて、その原因の一つに、ケーブルを巻いたまま使ってしまうケースがあります。

「電工ドラム」は、形状などを考えると、巻いたまま使いたくなるかもしれません。

たしかに、巻いてある状態は「延長コード」よりもキレイに収まり、余計なケーブルが周囲に出ないのです。

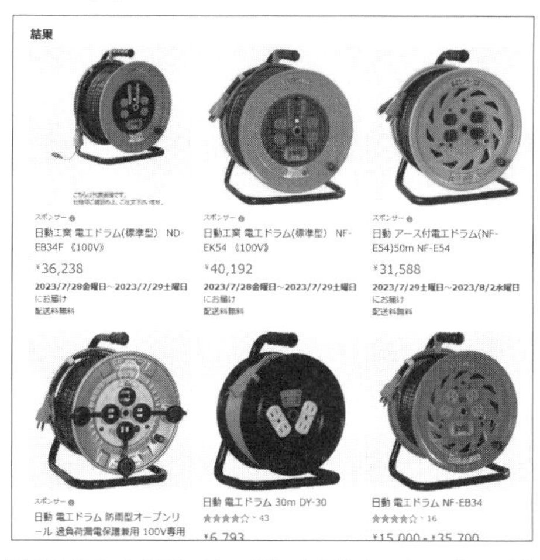

図 12-17　通販サイトで手に入る「電工ドラム」の一例

原因として挙げられていたのは「熱がこもることによる発熱」で、もう一つの原因として挙げられていたのは「コイル化」です。

ただし、「コイル化」に関しては興味深いですが、これに関しては理論的な説明、たとえばインピーダンスがどの程度になって発熱するのか、といった具体的な情報は得られませんでした。

*

一方で、「熱がこもることによる発熱」のほうが、信憑性は高いように思います。

その理由として、もう一つの電線として、「VVF」という電線があります。これは一般に屋内配線で使われるケーブルです。

これを束ねて使った場合や、周辺温度が高い場合に、許容電流が小さくなるということです。

たとえば、VVFケーブルを取り扱っている「矢崎エナジーシステム(株)」のVVFケーブルのページにある、「気中及び暗渠布設」に書かれている表にも、基底温度により、補正を行なうものになっています。

表12-2 気中及び暗渠布設」より

気中及び暗渠布設（日射の影響なし）連続許容電流
６００Ｖ ビニル絶縁ケーブル
「ＶＶＦ」

布設条件	基底温度：40℃、導体許容最高温度：60℃		
	1条		
線心数	2心	3心	4心
1.6mm	18A	15A	13A
2.0mm	23A	20A	18A
2.6mm	32A	27A	−

備考1) 基底温度が40℃以外の場合は、
下表の電流補正係数を乗じて許容電流値を補正する。

基底温度	電流補正係数
20℃	1.41
25℃	1.32
30℃	1.22
35℃	1.12
45℃	0.87
50℃	0.71

※温度が高いと許容電流値が小さくなる補正が行なわれる

＊

　また、ケーブルの中はビニールを絶縁の材料にしている製品がありますが、耐熱温度は「60℃」と、そこまで高くないところも注意が必要な部分です。

　一般に電線に電流を流した場合、電線は、小さいながらも「抵抗」をもっていて発熱します。

　通常、この発熱は周辺の空気に放熱されることで、問題のない範囲にとどまりますが、束ねられているとしたら、空気ではなく、ケーブルの別の部分を温めてしまうことになります。

　そして、一定の温度を超えるとビニールは溶けはじめてしまいます。

＊

　まとめると、次のようになります。

・電線は使用時に放熱する
・束ねることで熱がこもるようになる。
・耐熱温度を超えて使用すると絶縁しているビニールなどが溶ける
・溶けたビニールの中で電線がショートする
・発熱や発火につながる

＊

　つまり、延長コードを含めた電源ケーブルを安全に使うには、放熱性を確保し、熱がこもらないようにすることが重要になります。

　「電工ドラム」は、巻いてある場合には定格電流が小さくなるものの、巻いたままでも使える電気機器もあります。
　「電工ドラム」に接続して使いたい機器の消費電力とスペックを確認するといいかもしれません。

この商品について

- 選べる豊富なラインナップ！電工ドラム
- 《仕様》 型式：NF-EK54 定格電流：4A(全巻時)15A(全延時) 電線種：VCT2.0×3芯 ブレーカ：過負荷漏電保護兼用 温度センサー：手動復帰 コンセント数：4 アース：有 タイプ：50m 質量(kg) ：10.9

図12-18　ある電工ドラムの製品説明。この製品では、全巻時には定格電流が4Aになる

「換気扇」はなぜ必要か

「ガスコンロ」や「開放式ガス小型湯沸器」を使うときには、必ず「換気扇」を付けるようにと言われていますが、どのような理由から必要なのでしょうか。

*

調理時に「換気扇」をつけるのは、次のような理由があると考えられています。

・「煙」や「臭い」などを室外に排出するため
・「酸素」を取り入れるため

この中で、「酸素を取り入れるため」というのは、重要なことです。
燃焼が起きるためには、「可燃物」と「酸素」、「点火源」の3つの要素が必要になります。

「ガスコンロ」では、「可燃物」が「ガス」になります。
「酸素」は、「コンロ」の周りにある「酸素」を使います。
「コンロ」を使ってコンロの周りに酸素が足りない場合、「不完全燃焼」が起こることがあります。

*

ガスが「不完全燃焼」すると、**「一酸化炭素」**が発生しますが、この「一酸化炭素」は、「色」も「臭い」もなく、毒性が強い「有毒ガス」(気体)なのです。

「一酸化炭素中毒」は、「風邪」の症状に似ていて、「頭痛」や「吐き気」、悪化すると「手足がしびれ」て動けなくなり、「重症」になると、人体に強い「機能障害」や「意識不明」となり、最悪は「死」に至ることがあります。

*

空気中に「一酸化炭素」(CO)の濃度が「1.28%」になると、1〜3分で死に至るようです。
したがって、「ガスコンロ」や「給湯器」の使用時は、必ず付ける必要があります。

*

ところで、興味深いのが**「IH調理器」**です。
「IH調理器」はガスコンロと違い、燃焼させないで、調理します。
そのため、「一酸化炭素」が出ない、という特徴があります。

しかし、調理時の「煙」や「臭い」などは、「IH調理器」でも出てくるので、「換気」は必要です。

＊

また、「IH調理器」と「ガスコンロ」では、周囲の空気が温まっていた「ガスコンロ」に対して、「IH調理器」の場合は、周辺の空気が温まらず、「上昇気流が弱い」という特徴があります。

＊

そのために、換気するには、「換気扇」の「風量」をより強力にする必要があります。

「IH」ならではの換気扇として、空気を「排出」ではなく「循環」させる換気扇もあります。このような「換気扇」は「IH調理器専用」で、「ガスコンロ」には対応していない場合があるので、しっかり確認が必要です。

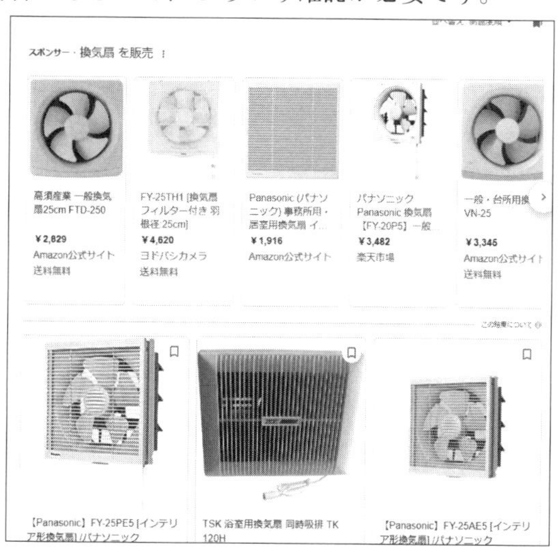

図12-19　「換気扇」で「空気を循環」させる

《参考》「一酸化炭素」(CO) 中毒に注意！｜一般社団法人 日本ガス石油機器工業会(JGKA)
https://www.jgka.or.jp/gasusekiyu_riyou/anzen/co/index.html

「電球」による事故

「電球」は身近な照明ですが、それによる事故も少なくないようです。

次のような事故が、報告されていました。

- 電気スタンドのカサを外すなどして利用、可燃物に接触して発火
- 電気スタンドを寝具の上に置いて使用、本体が転倒し、電球が寝具と接触して発火
- 電球がコードに触れていて溶解した
- 長期使用中の「蛍光灯」から異臭がして発煙した

*

以前であれば、「白熱球」などは、本当に内部のフィラメントが発熱していたので、その危険性は見ることで気がついたかもしれません。

しかし、「LED電球」の場合は、デザインから安全に見えて、発熱しないのではと思うことがあります。

たしかに、電球に比べて効率が良くなったため、消費電力は少なくなってはいますが、LED電球も発熱はします。

デザインによっては、「フィン」と呼ばれる放熱部分がある製品もあります。

*

また、LED電球は寿命が長い分、気が付かない間に劣化していることや、交換しない期間が長い分、ホコリや汚れが付着したままになって、発火する危険性が増すこともあります。

"環境に良い"とされる「LED電球」であっても、注意が必要ということは頭に入れておいたほうがいいようです。

《参考》照明器具での発煙・発火・火傷による事故に注意！～家庭内に潜む照明器具のトラブル～ | 東京くらしWEB
https://www.shouhiseikatu.metro.tokyo.lg.jp/sodan/kinkyu/170119.html

「調理家電」の注意点

「調理家電」は、次のような特徴をもつものが多くなっています。

①回転する、②切断する、③高温になる、④蒸気が出る

調理家電は、料理時間を短縮するための便利な道具になりますが、使い方を間違えると、ケガをしてしまうこともあります。

とくに、子供や赤ちゃんは、これらの「動いたり」「変化するもの」に興味をもちます。小さい子がいる場合は，手に届かない場所に置くようにしましょう。

*

これらの製品の中には、子育て中の環境でも使うものがあります。

たとえば、「ミキサー」などは、「離乳食」を作るときに使うことがあります。

その中でも、「ハンドブレンダー」のように、先端の刃がそのまま出ている器具の場合、持ち方や使い方を誤ると、ケガや事故につながりやすいです。

*

お湯を沸かしたり保温したりする、「電気ケトル」や「電気ポット」は、転倒すると湯がこぼれるので、ヤケドしてしまうことがあります。

また、日常よく使う「炊飯器」や、最近人気の「電気圧力鍋」は、炊飯時や調理時には高温の蒸気が出て、やけどの危険があります。

*

「ハンドブレンダー」はスイッチを押せば動くし、「電気ポット」は簡単に倒すことができます。これらは、子供の力でも簡単にできるのです。

*

注意点をまとめると、以下のようになります。

・ミキサーなどはコンセントにつないだままにしない
・ポットなどは倒さないように置き場を工夫する
・炊飯器や電機圧力鍋、ケトルなどは、蒸気が出ても触りにくい場所に配置する

《参考》Vol.516 手持ちミキサーでのけがに注意! | 消費者庁
https://www.caa.go.jp/policies/policy/consumer_safety/child/project_001/mail/20200813/

「取扱説明書」は「PDF」で

一般的な人は、家電の「取扱説明書」を常に手に届くところに置いて、熟読することはあまりないでしょう。

「分からない機能」や「操作エラー」に出くわしたときに、初めて「取扱説明書」を開くくらいでしょう。

また、「取扱説明書」を大切に保管しすぎて、逆にどこにあるか分からなくなった、なくしてしまった、なんてこともあるかもしれません。

*

最近では、ウェブサイトやサポートページなどで、家電製品の「取扱説明書PDF」を配布しているメーカーが増えています。

「PDF」は、次の情報があると探しやすくなります。

・メーカー名
・機種名や機種の型番

*

「PDF」のメリットは、PCだけではなく、スマホでも読むことができるところです。

今では、「PDF」が読める環境は少なくありません。
「PC」や「スマホ」、「タブレット」など、多くの機器で「PDF」の閲覧ができます。

PDFは、内容によってはキレイに拡大できるものがあるので、小さい文字を読むのが難しい場合であっても、読むことができます。

*

また、PDFの利点は、データとして処理しやすいところです。たとえば、内容として気になる箇所をメモする、あるいはキーワードからページを検索することもできます(PDFファイルの状態によってはできない場合があります)。

スマホをお風呂で使うリスク

「スマホ」をお風呂で使おうと思っている人は多いようで、「スマホケース」や「ジップロック」を使った風呂場への持ち込みのアドバイスなどが、検索すれば出てくることがあります。

たしかに、今のスマホには、「防水」や「防塵」という表記があります。

スマホの耐塵、耐水性能を表わす「IPXX」という保護の等級があります。

たとえば、「IP6X」や「IPX8」などです。

それぞれ、いちばん高いレベルのもので、「IP6X」は「完全な防塵構造」を示していて、「IPX8」は、「水面下での使用が可能」とされています。

注意しなければならないのは、「防水」などは、「温度条件」などがあり、お風呂は水温が高いために、防水性能の範囲外とするものもあります。

中には、「ジップロック」や「スマホケース」を使うことで、お風呂でもある程度は使えるようになります。しかし、「水没」の場合は補償対象外になることがあるので、自己責任で行なってください。

また、お風呂で充電器を使うのは、感電の原因になるので、辞めてください。

*

「風呂場の感電」は、全身が濡れているため、命にかかわる危険性があります。

注意点をまとめてみると、以下のようになります。

・防水といってもお風呂で使用することは想定されていない
・スマホをお風呂で充電することは感電につながる

音楽を聴く程度であれば、「防水Bluetoothスピーカー」があるので、それを使うといいかもしれません。

《参考》防水・防塵の等級『IPX』とは？ スマホを例に注意事項や保護基準を紹介｜KDDI トビラ
https://time-space.kddi.com/ict-keywords/20190822/2721

13 「家電」の処分方法

「家電製品」は、「故障」などの「寿命」や、「新しい製品の購入」による「買い替え」のときに、古い製品を「処分」します。
また、近年は、「環境保全」や「資源回収」などの理由で、「リサイクル」が必須のものもあります。

＊

ここでは、「家電製品」(電化製品)の「処分方法」について、「法律」や「処分手順」と併せて紹介します。

基本的な「処分方法」

■「家電の処分」と「法律」

家電製品には、「リサイクル」の法律があるものがあり、対象となる家電製品の場合、その法律に従って処分する必要があります。

現時点で、一般家庭で使う家電製品に影響を与えるのは、次の法律です。

・家電リサイクル法
・小型家電リサイクル法
・資源有効利用促進法

基本的な手順としては、居住する「自治体」の「ゴミ案内」、もしくは「分別表」で製品に関する「どのような方法で処分を行なうか」といった処分を進めることになります。

＊

これらに記載がない場合は、「自治体」に処分方法の問い合わせをします。

■家電リサイクル法

全国的に統一された処分方法になっているのが、「家電リサイクル法」です。

「家電リサイクル法」では、次の4種類の製品が対象になります。

・エアコン
・テレビ
・冷蔵庫、冷凍庫
・洗濯機、衣類乾燥機

これらを「買い替える」場合は、「新しい製品」を購入したお店に依頼します。
処分するだけの場合は、購入したお店に「引き取り」を依頼します。

これらは、**製品を販売したお店に「引取義務」**があります。

＊

また、処分には「リサイクル料金」として「家電リサイクル券」が必要になります。
この場合、（a）「販売店」が料金を回収する通称**「グリーン券」**と、（b）郵便局で料金を振り込む通称**「郵便局券」**という、2つの**「家電リサイクル券」**があります。

＊

これらの家電製品を「お店」に引き渡す場合は、「家電リサイクル券」の「控え」を受け取ります。

また、「郵便局券」は、「家電リサイクル券」に「品目」や「メーカー名」、「金額」等など、リサイクルに必要な情報を、使用前に記入します。

《参考》資料集（METI/経済産業省）
https://www.meti.go.jp/policy/it_policy/kaden_recycle/shiryousyu/shiryou.html

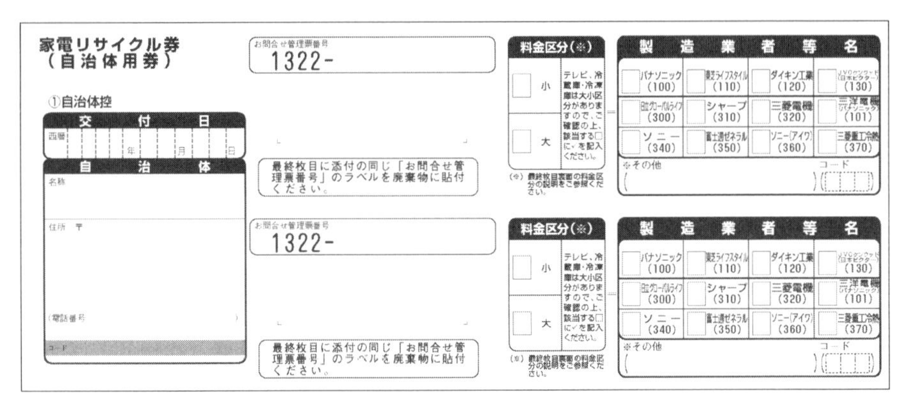

家電リサイクル券
（自治体用券）

①自治体控

交付日
西暦　年　月　日

自治体
名称
住所 〒
（電話番号　）
コード

お問合せ管理票番号 1322-

最終枚目に添付の同じ「お問合せ管理票番号」のラベルを廃棄物に貼付ください。

料金区分（※）	
小	テレビ、冷蔵庫・冷凍庫は大小区分がありますので、ご確認の上、該当する□に✓を記入ください。
大	

（※）最終枚目裏面の料金区分の説明をご参照ください。

製造業者等名			
パナソニック（100）	東芝ライフスタイル（110）	ダイキン工業（120）	JVCケンウッド（日本ビクター）（130）
日立グローバルライフ（300）	シャープ（310）	三菱電機（320）	三洋電機（パナソニック）（101）
ソニー（340）	富士通ゼネラル（350）	ソニー（アイワ）（360）	三菱重工冷熱（370）
※その他（　）			コード

お問合せ管理票番号 1322-

最終枚目に添付の同じ「お問合せ管理票番号」のラベルを廃棄物に貼付ください。

料金区分（※）	
小	テレビ、冷蔵庫・冷凍庫は大小区分がありますので、ご確認の上、該当する□に✓を記入ください。
大	

（※）最終枚目裏面の料金区分の説明をご参照ください。

製造業者等名			
パナソニック（100）	東芝ライフスタイル（110）	ダイキン工業（120）	JVCケンウッド（日本ビクター）（130）
日立グローバルライフ（300）	シャープ（310）	三菱電機（320）	三洋電機（パナソニック）（101）
ソニー（340）	富士通ゼネラル（350）	ソニー（アイワ）（360）	三菱重工冷熱（370）
※その他（　）			コード

図13-1　自治体用の「家電リサイクル券」

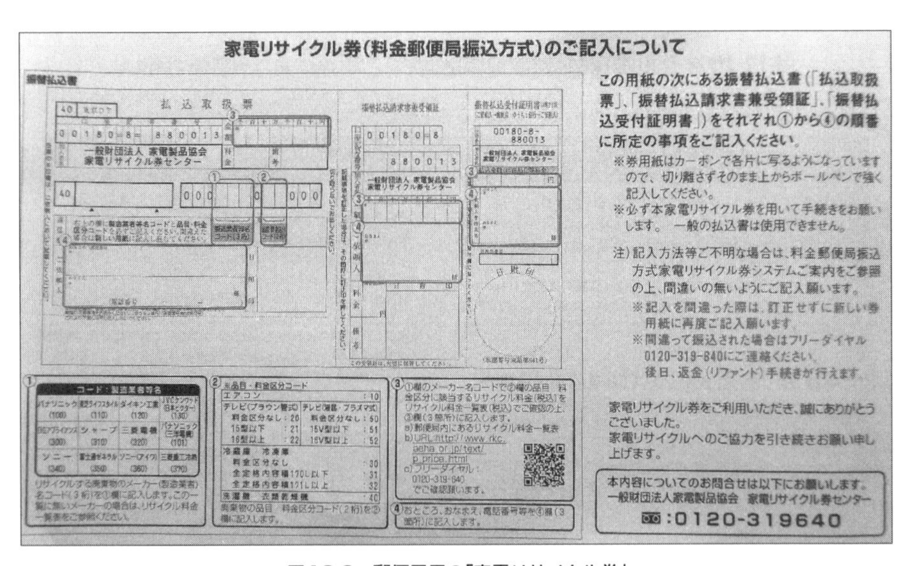

家電リサイクル券（料金郵便局振込方式）のご記入について

振替払込書

払込取扱票　00180-8-880013　一般財団法人 家電製品協会 家電リサイクル券センター

振替払込請求書兼受領証

振替払込受付証明書

この用紙の次にある振替払込書（「払込取扱票」、「振替払込請求書兼受領証」、「振替払込受付証明書」）をそれぞれ①から④の順番に所定の事項をご記入ください。

※券用紙はカーボンで各片に写るようになっていますので、切り離さずそのまま上からボールペンで強く記入してください。

※必ず本家電リサイクル券を用いて手続きをお願いします。一般の払込書は使用できません。

注）記入方法等ご不明な場合は、料金郵便局振込方式家電リサイクル券システムご案内をご参照の上、間違いの無いようにご記入願います。

※記入を間違った際は、訂正せずに新しい券用紙に再度ご記入願います。

※間違って振込された場合はフリーダイヤル0120-319-640にご連絡ください。後日、返金（リファンド）手続きが行えます。

①

コード：製造業者等名			
パナソニック（100）	東芝ライフスタイル（110）	ダイキン工業（120）	JVCケンウッド（日本ビクター）（130）
日立アプライアンス（300）	シャープ（310）	三菱電機（320）	パナソニック（三洋電機）（101）
ソニー（340）	富士通ゼネラル（350）	ソニー（アイワ）（360）	三菱重工冷熱（370）

リサイクルする廃棄物のメーカー（製造業者）名コード（3桁）を①欄に記入します。この一覧に無いメーカーの場合は、リサイクル料金一覧表をご参照ください。

②

※品目・料金区分コード

品目	コード	品目	コード
エアコン	10		
テレビ（ブラウン管式）		テレビ（液晶・プラズマ式）	
料金区分なし	20	料金区分なし	50
15型以下	21	15V型以下	51
16型以上	22	16V型以上	52
冷蔵庫・冷凍庫			
料金区分なし	30		
全定格内容積170L以下	31		
全定格内容積171L以上	32		
洗濯機・衣類乾燥機	40		

廃棄物の品目・料金区分コード（2桁）を②欄に記入します。

③ ①欄のメーカー名コードで②欄の品目・料金区分に該当するリサイクル料金（税込）をリサイクル料金一覧表（税込）でご確認の上、③欄（3箇所）に記入します。
a）郵便局内にあるリサイクル料金一覧表
b）URL:http://www.rkc.aeha.or.jp/text/p_price.html
c）フリーダイヤル：0120-319-640
でご確認願います。

④おところ、おなまえ、電話番号等を④欄（3箇所）に記入します。

家電リサイクル券をご利用いただき、誠にありがとうございました。
家電リサイクルへのご協力を引き続きお願い申し上げます。

本内容についてのお問合せは以下にお願いします。
一般財団法人家電製品協会 家電リサイクル券センター
☎:0120-319640

図13-2　郵便局用の「家電リサイクル券」

■小型家電リサイクル法

電気製品の多くが対象となるのが、「小型家電リサイクル法」です。

「小型家電」には「鉄」や「アルミ」「銅」といった一般的な金属と、「レアメタル」のような希少な金属などが含まれています。

これらの製品から「資源」をリサイクルするため、「使用済小型家電電子機器等の再資源化の促進に関する法律(小型家電リサイクル法)」が、2013年4月1日より施行されています。

この法律では、かなりの種類が回収対象になっているので、一例として次に挙げます。

・パソコン
・電子レンジ
・電話機、FAXなどの有線通信機器
・携帯電話端末、ＰＨＳ端末などの無線通信機器
・デジタルカメラ、ビデオカメラ、DVDレコーダなどの映像機器
・デジタルオーディオプレイヤー、ステレオなどの音響機器
・プリンタ
・フィルムカメラ

これらは、「自治体」または「認定事業者」が、「小型家電リサイクル」として回収しています。

回収方法も自治体によって異なり、たとえば、「回収ボックス」などの拠点を設けている場合や、家電量販店で「有料」で回収をしている場合があります。

*

「小型家電リサイクル」での回収に出す場合に、注意すべき点として、「携帯電話」や「スマートフォン」、「パソコン」などの個人情報があります。

個人情報が含まれる機器は、使用者があらかじめ消去するようにします。

この「小型家電リサイクル」は、「自治体」によっては回収していない種類の製

品があり、注意が必要です。

「小型家電リサイクル」は、メーカーに制限がなく、製品を処分できる可能性もあります。

《参考》小型家電リサイクル法とは：一般社団法人 小型家電リサイクル協会
https://www.sweee.jp/about.html

■資源有効利用促進法

「資源有効利用促進法」は2001年4月に施行された法律で、一般廃棄物から産業廃棄物まで、さまざまなものの「リサイクル」を促進する目的で作られました。

*

この法律によって、一般家庭で使う製品で影響を受けるのは、「パソコン」(PC)です。

図13-3 「資源有効利用促進法」によって、大半のPCは無料で回収される

2003年10月以降に販売されたPCには、基本的に「PCリサイクルマーク」が貼付されていて、これによって料金の負担がなく、回収することができます。

図13-4　PCリサイクルマーク

このマークがないPC場合は、「回収再資源化料金」を消費者が負担する必要があります。

＊

[1] この法律による回収は、まず「製造したメーカー」に回収を依頼し、メーカーからの「エコゆうパック伝票」の送付を待ちます。

[2] 次にPCを梱包します。梱包資材には、厚手のビニール袋2枚重ねか、ダンボール箱を使います。

[3] 梱包したPCに、「エコゆうパック伝票」を貼付し、「郵便局」に集荷を依頼、もしくは「郵便局」に持ち込みます。

※なお、倒産したメーカーや事業撤退したメーカー、自作PCは、「パソコン3R推進協会」が回収するようです。

「パソコン3R推進協会」が回収する場合は「回収再資源化料金」が必要となります。

一般的に破棄するPCは初期化することが望ましいですが、この回収では、情報漏洩対策として資源に戻す際に、「ハードディスクの破壊」など情報漏洩を防ぐ措置が行なわれるとあります。

《参考》パソコンのリサイクル（METI/経済産業省）
https://www.meti.go.jp/policy/it_policy/kaden/index02.html

■粗大ごみと家庭ごみ

自治体による特別な案内がなく、製品が、ある程度以上の大きさになる場合は「粗大ごみ」として処分します。

また、小型なもので、「小型家電リサイクル」による回収がないものであれば、または指定の日の「家庭ごみ」として処分することになります。

こちらの扱いは、自治体により異なりますが、「粗大ごみ」は申込後に「粗大ごみ処理券」を購入し、指定の回収場所に置くという流れが多いようです。

■バッテリー搭載製品の処分

「ワイヤレス・イヤホン」や「電気シェーバー」、「携帯扇風機」など、「リチウムイオン電池」などを使用していて、取り出せない製品も増えています。

これらの「バッテリー搭載製品」は誤った処分方法を行なうと火災を引き起こすため、慎重に処分する必要があります。

＊

一般的な「バッテリー搭載製品」の処分の流れは、**図13-5**のようになります。

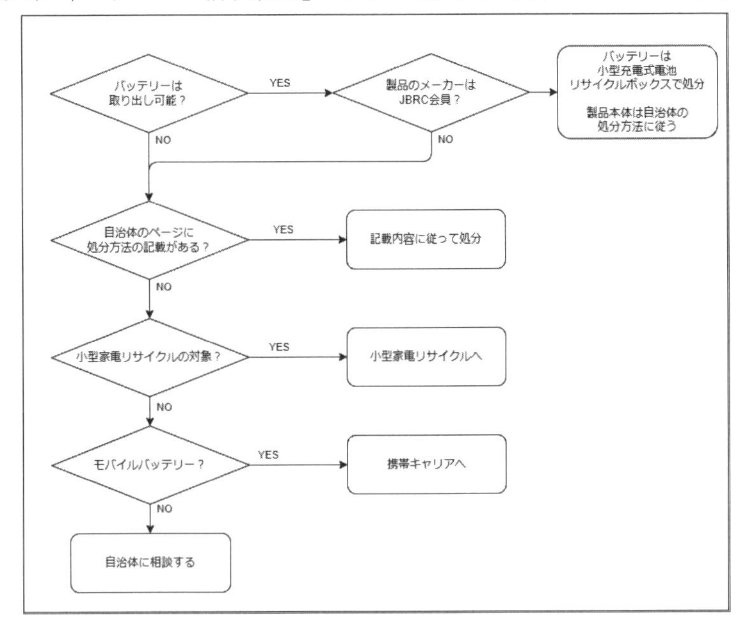

図13-5　「バッテリー搭載製品」の処分方法のフロー図

ポイントとして、**「バッテリーの取り外しができる製品」**は、基本的に**「小型充電式電池リサイクルボックス」**を使うことになります。

ただし、「小型充電式電池リサイクルボックス」が使えるのは「JBRC会員」のメーカー製品に限られているのが難点です。

自治体によって異なりますが、「小型家電リサイクル」では本体ごと回収できるので、取り外さずに処分することになるかもしれません。

また、特殊な例として、「モバイルバッテリー」は、携帯キャリアのショップで回収しているようです。

バッテリーが取り出せないもので「PC」以外の製品に関しては「小型家電リサイクル」か、「一般ごみ」としての処分になります。

一部自治体では「バッテリー搭載製品」を「一般ごみ」として出せると案内されている場合があります。

その場合は、生ゴミや紙くずなどの「他のゴミ」とは「**必ず分別**」し、収集時にバッテリー搭載製品だと分かりやすくします。

この流れを見ても分かるように、「バッテリー搭載製品」の回収は、「対象メーカー」が限定される回収方法が存在するなど、消費者のことを考えていない流れがあるため、分かりにくく、「結果的に一般ごみとして処分される」ことで、事故が起こっている可能性があります。

火災などの危険性を回避するためにも「バッテリー搭載製品」の処分方法の改善が望まれます。

リサイクル業者に注意

電気製品を含めた廃棄物を処分するには「市区町村の一般廃棄物処理業」の許可か、「市区町村の委託」が必要になります。

しかし、地域に巡回するような「廃品回収業者」は無許可であったり、トラブルの原因になることがあります。

環境省でも、「"無許可"の回収業者を利用しないように」と呼びかけるページ※1を公開しています。

次のような業者は、トラブル回避のためにも利用しないようにします。

・インターネットに広告を出している
・チラシをポストに投函している
・空き地で回収する
・無料回収などとしてアナウンスして地域を回っている

これらの業者の中には、「産業廃棄物処理業」の許可や「古物商の許可」をもっているような記載のある業者もあるようです。

しかし、家庭の廃棄物の回収は「一般廃棄物処理業」の許可か、市区町村の委託が必要であって、「一般」と「産業」というところに違いがあり、「無許可」の業者に任せると、正しく回収されない場合や、不法投棄されてしまう場合があるとされています。

正しい手順としては、自治体（居住する市区町村の役所）の案内に従って「リサイクル」や「処分方法」を実行することです。これらが難しい場合は、自治体に相談します。

※1　環境省_廃棄物の処分に「無許可」の回収業者を利用しないでください！
https://www.env.go.jp/recycle/kaden/tv-recycle/qa.html

さくいん

数字

アルファベット順

五十音順

■著者紹介

ぼうきち

▼ライター、プログラマー
普段はソフトウェアを開発する仕事に従事し、雑誌やネットでは技術に関することを執筆している。

▼主な著書:
・「Design Spark PCB プリント基板CADの使い方」, 工学社
・「エミュレータのしくみ」, 工学社

本書の内容に関するご質問は、
①返信用の切手を同封した手紙
②往復はがき
③FAX (03) 5269-6031
(返信先のFAX番号を明記してください)
④E-mail editors@kohgakusha.co.jp
のいずれかで、工学社編集部あてにお願いします。
なお、電話によるお問い合わせはご遠慮ください。

サポートページは下記にあります。

[工学社サイト]
http://www.kohgakusha.co.jp/

I/O BOOKS

危ない家電
「使い方」「管理」「掃除」…誤ると悲惨な事故に!

2023年 8 月30日 第1版第1刷発行 ©2023
2023年10月30日 第1版第2刷発行

著 者 ぼうきち
発行人 星 正明
発行所 株式会社工学社
〒160-0004 東京都新宿区四谷4-28-20 2F
電話 (03)5269-2041(代)[営業]
(03)5269-6041(代)[編集]
振替口座 00150-6-22510

※定価はカバーに表示してあります。

印刷:シナノ印刷(株)
ISBN978-4-7775-2265-1